하 ㅣ 루 ㅣ 에 ㅣ 새 ㅣ 료 ㅣ 한 ㅣ 가 ㅣ 지

ONION

양파의, 양파에 의한, 양파를 위한 40가지 알찬 레시피.
매력만점 양파로 건강한 한상차림 어떠신가요?

　매일 삼시 세끼 집밥을 차려주시던 엄마의 밥상 덕분에 외식보다는 집밥을 더 선호하게 되었습니다. 냉장고 속 몇 없는 재료로 한상이 뚝딱 차려질 때마다 항상 설렘을 느끼곤 했었죠. 많은 재료가 없어도, 조미료를 넣지 않아도 항상 따뜻한 맛을 냈던 엄마의 밥상. 남편과 아이를 위한 사랑이 가득 담긴 엄마의 손맛은 세상에 더없는 사랑의 조미료가 아니었을까요? 엄마의 영향을 받아서인지 저 역시도 조미료 없이 재료 본연의 맛을 살리고 정확한 계량으로 저만의 밥상을 차려 나가게 되었습니다. 이런 힐링 레시피 덕분에 그동안 고생했던 아토피까지 완치되자 더욱더 요리에 관심이 생겼고, 더 깊은 요리의 세계로 빠지게 되었습니다.

　엄마의 손맛과 향수를 자아내는 힐링 레시피는 물론, 따라 하기 쉬운 간단 요리와 눈길을 사로잡는 홈베이킹까지. 세대를 뛰어넘는 다양한 요리를 만들면서 많은 사람들과 '요리'라는 공통된 주제로 소통했습니다. 그 과정에서 새로운 레시피를 연구하기 시작했고 점차 블로그 역시 유명세를 타게 되었습니다. 인기 블로거로 성장하면서 강의도 하고 더욱 많은 분들과 레시피를 나누고자 동영상 제작도 하며 활동을 하다 보니 출판사의 출간 제의도 많이 받았습니다.

　사실 요리 블로그를 운영하면서 요리책 출판 욕심을 가져보지 않았다는 것은 거짓말이겠지요. 많은 출간 제의 속에서 저만의 요리를 알아봐주는 출판사가 나타나기를 손꼽아 기다리고 있었습니다. 세대를 뛰어넘는 다양한 레시피를 선보이는 만큼, 이런 저만의 레시피를 한 권에 모두 담아내고 싶었거든요. 이런 저의 속마음을 알아차린 듯, 때마침 시대인 출판사에서 출간 제의를 받았습니다. 꼼꼼히 읽어보니 '양파'를 주제로 한 40가지 레시피를 담아내는 요리책이더군요. 항상 요리의 부재료로 쓰이던 양파가 주재료가 되어 밥상 위에 올라온다니…. 책의 주제부터 저를 설레게 만들었습니다. 그렇게 시대인 출판사, 그리고 양파와의 인연이 시작되었습니다.

수많은 재료들 가운데 양파와 만나게 된 것은 정말 신의 한 수였다고 생각합니다. 양파는 훌륭한 천연조미료로 풍미 있는 맛을 낼 수 있고, 건강까지 챙길 수 있기에 평소에도 즐겨 사용하는 재료 중 하나였기 때문입니다. 그래서인지 40가지 레시피를 만드는 동안 어려움보다는 즐거움이 더 컸던 것 같습니다(양파를 15kg씩 쌓아 두고 요리했다는 것은 비밀입니다:D).

요리에서 가장 중요한 것은 신선한 재료와 더불어 정확한 레시피와 정성이라고 생각합니다. 특히 신선한 재료는 재료 본연의 맛을 살리기 위한 필수 요건 중 하나로, 신선한 재료만 있다면 최소화된 계량으로도 훌륭한 음식을 만들어낼 수 있습니다. 보다 더 맛있고 건강한 음식을 연구하기 위해 다양한 레시피를 접하다보면, 간혹 과다한 조미료 사용으로 재료 본연의 맛을 감추거나 정확하지 않은 계량으로 아쉬움을 안겨주는 레시피를 만나곤 합니다. 하지만 『ONION』에서는 양파 본연의 맛을 살리고, 조미료를 최소화했습니다. 주재료인 양파를 최대한 돋보이게 하기 위해 노력한 결과죠. 또한 정확한 계량으로 누구나 손쉽게 가정에서 완성도 높은 맛을 낼 수 있습니다. 많은 분들과 함께 따뜻하고 건강한 밥상을 나누고 싶은 제 손맛의 비결이 잘 전달되었으면 좋겠습니다. 손맛은 타고나는 것보다 사랑과 정성으로 누구든지 만들어 낼 수 있는 요리의 마법 중 하나니까요.

양파의, 양파에 의한, 양파를 위한 40가지 알찬 레시피. 이제는 양파가 부재료가 아닌 주재료로 밥상 위에 올라가게 되었네요. 아삭한 식감에 때로는 알싸하고 때로는 달콤한 맛으로, 감칠맛과 풍미를 살려주는 천연조미료로, 몸에 좋은 건강식품으로 많은 사랑을 받고 있는 양파. 다양한 레시피를 만들다보니 까도 까도 새로운 매력이 계속 나오는 양파가 새삼 다시 보이더라고요. 이렇게 매력만점인 양파로 건강한 한상차림 어떠신가요? 여러분들도 분명 만족하실 것이라 생각합니다.

음식의 따뜻한 느낌을 살리고자 자연채광을 고집해 날씨가 좋을 때만을 기다리며 열심히 양파요리를 만들다 보니, 어느새 마지막 원고를 탈고하게 되었습니다. 이렇게 첫 요리책을 출판하기까지 엄마의 따뜻한 밥상이 많은 힘이 되었습니다. 첫 요리 시작부터 마지막 요리까지 레시피에 대한 조언을 아끼지 않고, 항상 옆에서 응원해주신 엄마, 무엇보다 저에게 정성과 사랑의 손맛을 느끼게 해주신 덕분에 제가 이 자리에 있을 수 있다는 것에 감사하고 사랑한다는 말을 전하고 싶습니다. 또한 매일같이 날씨를 확인하며 쓴소리와 응원을 아끼지 않았던 아빠, 매번 그래왔듯이 제가 하는 모든 일과 활동을 계속 할 수 있도록 지지해주시고 믿어주신 아빠에게 정말 감사하고 사랑한다고 전하고 싶습니다. 그리고 제가 힘들고 지칠 때마다 아낌없이 희망의 말과 응원을 해주었던, 저의 베스트프렌드이자 세상에 하나밖에 없는 사랑하는 남동생에게 고맙다고 전하고 싶습니다.

저만의 요리를 알아봐주셨던 시대인 출판사와의 좋은 인연을 시작으로 제 첫 요리책인 『ONION』이 완성되기까지 주변에 많은 분들이 진심 어린 응원을 해주셨습니다. 하루하루 안부를 물어주시고, 언제 출간되는 지 관심을 가져주셔서 감사합니다. 이 순간에도 저를 기다려주시고 응원해주신 많은 지인 분들과 제 요리를 봐주시는 블로그 이웃님들에게 다시 한 번 감사의 말씀을 드리고 싶습니다. 제가 지금 이렇게 책을 출간할 수 있었던 것은 여러분들 덕분입니다. 이 책으로 여러분들에게 조금이나마 저의 따뜻하고 정성이 담긴 손맛이 잘 전달되길 바랍니다.

모두들 감사합니다.

2020년 초봄 엄딸스토리_이현정

많은 분들과 따뜻하고 건강한 밥상을 나누고 싶은
제 손맛의 비결을 담았습니다.

손맛은 사랑과 정성으로 누구든지
만들어 낼 수 있는 요리의 마법이니까요.

ONION

Contents

양파
이야기

◎ 양파 이야기

■ 양파의 유래

양파는 토마토, 수박과 함께 전 세계적으로 생산량이 많은 3대 채소 중 하나입니다. 어떤 식재료와 함께해도 잘 어울려 찌개나 국, 볶음, 샐러드 등 무궁무진한 활용법을 가지고 있는데요. 식욕 증진은 물론 육류나 해산물의 잡내를 없애고 풍미를 살려주는 역할을 합니다.

백합과 작물 중 알뿌리를 형성하는 대표적 작물인 양파는 고대 이집트 시대부터 널리 사용된 채소입니다. 기원전 5,000년 고대 이집트에서는 일반적인 식품으로 사용됨은 물론 영원한 불멸의 의미로 장례식 제물로도 사용되었다고 하는데요. 이집트인들은 겹겹이 쌓여있는 양파 껍질의 구조에서 영원한 생명력을 보았다고 합니다. 미라를 만들 때 사용한 흔적이 발견되기도 하고, 파라오의 무덤 주변에서도 양파가 발견되었다고 하니 꽤 신빙성이 있어 보입니다. 또한 이집트 분묘의 벽화에는 피라미드를 쌓는 노동자들의 원기를 북돋아주기 위해 양파를 먹었다는 기록도 있습니다.

양파의 원산지는 이란, 서파키스탄이라는 설과 북이란부터 알타이 지방이라는 설 등이 있지만 아직 야생종이 발견되지 않아 확실하지는 않습니다.

양파는 중세시대부터 유럽 전역에서 재배되었는데, 초기에는 양파의 강하고 자극적인 냄새 때문에 흑사병과 같은 전염병 감염을 막는 데 사용했다고 합니다. 이후 충혈 또는 울혈을 치료하기 위해 우유에 양파나 마늘을 섞어 복용하는 민간요법이 생겨났고, 19세기와 20세기 초 아메리카 생약자들은 기침이나 기관지염 치료에 양파시럽을 사용했다고 합니다.

우리나라는 중국을 통해 양파가 유입되었는데요. 양파라는 이름은 '서양에서 건너온 파'라는 뜻으로 1900년대부터 재배되기 시작했으며 해방 후에는 '옥파'라고도 불렸다고 합니다. 우리나라의 양파에 대한 기록을 살펴보면 1908년 창녕 원예모범장에서 시험 재배되었다는 문헌 기록이 있습니다.

"이듬해인 1909년, 이곳 대지면 아석가(我石家)의 성찬영 선생이 처음으로 양파 재배에 성공했다. 이후 손자인 우석(愚石) 성재경(成在慶) 선생은 한국전쟁 직후 농가들이 가난에서 벗어날 수 있도록 보리를 대체하는 환금작물(換金作物)로서 양파를 적극 보급하였다."

우리나라에서 양파가 본격적으로 재배된 것은 한국전쟁 이후 일본에서 양파 종자가 들어오면서부터입니다. 1930년경에 전남 무안군 청계면 사마리의 강동원씨가 일본에 다녀오면서 양파 종자 1홉과 재배기술을 숙부 강대광씨에게 전달하여 재배된 것이 시작이었습니다. 이후 전남지역의 무안, 함평, 장성, 나주, 영광 5개 군에서 재배되었습니다.

양파는 우리나라 못지않게 서양에서도 많은 사랑을 받고 있는데요. 대표적인 서양 양파요리로는 '수프 알 로뇽Soupe à l'oignon'이 있습니다. 오뇽oignon은 프랑스 어로 양파를 뜻하며, 글자 그대로 양파 수프를 의미하는 수프 알 로뇽은 크루통과 치즈를 토핑으로 얹어 먹는 프랑스 전통 음식입니다. 프랑스의 브르타뉴 지방에서는 결혼식 후 첫날밤을 치른 신혼부부에게 이 양파 수프 한 그릇을 가득 담아 주는 풍습이 있는데요. 이때 신랑은 자신의 남자다움을 과시하기 위해 한 그릇을 거뜬하게 비워내야 한다고 합니다. 이는 아마도 양파가 원기 회복의 효능을 지니고 있다는 믿음에서 비롯된 풍습이 아닐까싶습니다.

양파는 재배가 쉽고, 튀기거나, 끓이고, 굽는 등 요리법도 다양하여 예로부터 가난한 서민들의 주된 식재료가 되어준 소중한 채소입니다. 생으로 먹으면 알싸한 매운맛이 입맛을 돋우고, 익혀 먹으면 은은한 단맛이 나 음식의 풍미를 높여주는데요. 다양한 음식에 빠지지 않고 들어가는 양파, 양파에 대해 조금 더 자세히 알아보겠습니다.

■ 양파의 영양

예로부터 양파는 자양강장과 노화방지에 도움이 되는 식품으로 알려져 있는데요. 『동의보감』을 보면 '오장(五臟)의 기(氣)에 모두 이롭다'라고 기록되어 있으며, 중풍 치료에도 효과가 있다고 합니다.

양파는 뛰어난 맛뿐만 아니라 단백질, 탄수화물, 비타민A·C, 칼슘, 인, 철 등의 영양소가 다량 함유되어 있으며, 특히 퀘르세틴^{quercetin}이라는 성분은 혈압 수치를 감소하는 데 효과가 있습니다. 퀘르세틴은 사이클로알린^{cycloalliin}과 함께 뛰어난 항산화작용을 하여 혈관 벽의 손상을 막고, 나쁜 콜레스테롤 농도를 감소시켜 혈액순환 개선과 고혈압, 동맥경화 등의 성인병 예방에도 탁월하다고 합니다. 퀘르세틴은 일반 양파보다 자색양파에 약 2~3배 이상 더 많이 함유되어 있다고 하니 자세히 알고 섭취하면 좋겠죠.

또한 알리인^{alliin} 성분은 양파를 자르거나 찧으면 알리신^{Allicin}이라는 자극성분으로 변화하는데요. 이 알리신이 비타민B1과 결합하면 알리티아민^{allithiamin}이라고 하는 활성비타민B1으로 변해 소화 과정에서 세균에 의해 파괴되지도 않고 몸속으로 흡수도 훨씬 잘 됩니다. 예를 들어 샐러드를 만든다고 할 때, 양파를 썰어 넣으면 알리티아민이 다른 채소에 들어있는 비타민B1의 흡수율까지 높여주어 더 많은 영양소를 흡수할 수 있게 도와준다는 것입니다.

양파의 특징 중 하나가 생으로 먹으면 매운맛이 나고 가열하면 단맛이 나는 것인데요. 이는 매운맛을 내는 최루성물질인 유기화합물 때문입니다. 양파를 가열하면 유기화합물 성분의 일부가 분해되어 프로필메르캅탄^{propylmercaptan}으로 바뀌는데, 이 성분은 설탕의 50~70배의 단맛을 냅니다. 그래서 설탕 대신 양파를 넣어 맛을 내는 경우도 많죠. 하지만 혈당치를 낮추는 성분은 생양파에 많이 포함되어 있으니, 혈당치를 낮추는 것이 목적이라면 가열하지 않고 생으로 먹는 것이 좋습니다.

양파는 예전부터 우리의 건강을 책임지는 역할을 하고 있었습니다. 건강한 신체와 정신을 강조했던 고대 그리스에서는 올림픽을 준비하는 운동선수들이 양파를 생으로 먹거나 주스로 만들어 먹었다고 합니다. 미국의 조지 워싱턴은 감기에 걸리면 자기 전에 구운 양파를 먹었고, 중국의 덩 샤오핑은 양파를 많이 넣은 충조전압탕(오리와 동충하초 등 각종 약재를 넣어 끓인 탕)을 즐겨먹었다고 합니다. 불면증으로 잠이 오지 않을 때 생양파를 잘라서 먹거나 베개 밑에 놓으면 신기할 정도로 잠이 잘 오고, 꾸준히 섭취하면 신경쇠약을 치료하는 데에 도움이 되기도 합니다.

이처럼 양파는 어떻게 먹든 우리 몸에 아주 유익한 채소임은 분명합니다. 그래서 양파를 '둥근 불로초'라고 부르는 것일지도 모르겠네요. 수천 년 동안 우리 곁에서 하나의 식재료로서 사용되어 온 양파, 이렇게 양파의 영양에 대해 알게 되니 음식은 물론 건강식품으로 챙겨먹어야겠다는 생각이 들기도 합니다.

■ 양파의 효능

1. 항산화, 항암 효과

세계암연구재단(WCRF)이 전 세계의 다양한 연구 결과를 종합한 결과, 양파와 같은 백합과 채소가 위암 발생 위험을 낮춰준다는 결과를 도출해냈습니다. 그 이유는 바로 양파에 많이 함유되어 있는 항산화물질 때문인데요. 항산화는 말 그대로 몸의 손상과 산화(노화)에 저항하는 물질입니다. 양파에 있는 이소티오시아네이트^{isothiocyanate} 성분이 식도나 간, 대장, 위의 암 발생 억제를 도와주고, 퀘르세틴 성분은 인체 내 발암물질 전이를 막아줘 항암에 효과가 있다고 하니 꾸준히 섭취해 암을 예방하는 것이 좋겠습니다.

2. 혈관질환 예방

양파의 퀘르세틴 성분은 혈액 속의 나쁜 콜레스테롤을 녹여 없애기 때문에 혈액의 점도를 낮추고 피를 맑게 해줍니다. 혈액의 흐름이 원활해지면 혈전이 생기는 것도 막을 수 있고, 당뇨로 인한 합병증을 예방함은 물론 고혈압과 고지혈증, 동맥경화 등 혈관질환을 예방하고 치료하는 데 큰 도움이 됩니다.

이와 관련하여 재미있는 사실을 하나 말씀드리면, 기름진 음식을 많이 먹는 중국인들이 세계에서 심장병에 걸릴 확률이 가장 낮은데요. 그 이유가 바로 양파를 많이 먹기 때문이라고 합니다.

3. 다이어트

양파는 지방을 녹이고 지방합성효소를 억제하는 성분이 들어있어서 다이어트에 효과적입니다. 또한 열량도 낮고 지방도 거의 없는 반면에 식이섬유와 단백질은 풍부해서 근육 생성에 도움을 줍니다. 그래서 실제로 헬스 트레이너들이 식단을 짤 때 양파를 꼭 포함시킨다고 합니다. 만약 체중이 더 이상 빠지지 않는 정체기에 들어섰다면 식후에 양파즙을 한 잔씩 마시는 것은 어떨까요?

4. 독소 제거 / 해독 작용

양파에 들어있는 글루타티온glutathione 성분은 간장의 해독 기능을 강화해 간세포를 활성화시켜 주는데요. 간장의 해독 기능이 강화되면 약물중독이나 알레르기에 대한 저항력이 강해지는 장점이 있겠죠? 또한 양파에 함유된 아미노산amino acid은 독소를 제거해주기 때문에 납, 카드뮴, 비소와 같은 중금속을 간을 통해 배출하게끔 도와줍니다.

■ 양파의 종류

본격적으로 음식을 만들기에 앞서 어떤 양파를 선택하는지도 중요하다는 사실, 알고 계신가요? 노란색, 갈색, 붉은색 또는 흰색의 다소 건조한 얇은 껍질로 덮여 있는 양파는 생으로 먹기도 하고 또는 익혀서 요리의 부재료나 양념으로도 활용하고 있는데요. 다양한 요리에 사용됨은 물론 건강기능식품으로도 각광받고 있는 양파의 품종은 30가지가 넘습니다. 종류에 따라 영양성분도 다르고, 사용하는 요리도 다른 양파에 대해 한번 알아봅시다.

1. 껍질 색에 따른 분류

• 흰색양파

주로 미국이나 유럽에서 재배가 이루어지는 흰색양파는 껍질이 얇고 수분 함량이 많아 부드러운 것이 특징입니다. 일반적으로 샐러드에 많이 쓰이며, 흰색 소스나 멕시칸 요리에 사용됩니다. 흰색양파는 다른 양파에 비해 연하고 맛이 좋으나 쉽게 상하기 때문에 보관이 어려우며, 우리나라에서는 거의 재배되지 않습니다.

• 황색양파

우리나라에서 주로 생산·유통되는 품종은 황색양파입니다. 황색양파는 껍질이 얇고 당도가 높으며, 알싸한 매운맛이 특징입니다. 다른 양파에 비해 저장이 쉬우며 조림이나 튀김, 찌개, 생채 등 각종 요리에 보편적으로 사용됩니다.

• 자색양파

보랏빛을 띠는 자색양파는 매운맛이 적고 황색양파보다 단맛이 강하며, 아삭한 식감이 특징입니다. 자색양파는 일반양파보다 두께가 조금 더 두껍고 수분 함량이 많으며, 자극적인 냄새가 적습니다. 현재 품종이 많이 개발되어 있지 않아 가격대가 높은 편이지만 화려한 색상 때문에 샐러드나 샌드위치 등에 많이 사용됩니다.

2. 공급 시기에 따른 분류

• 조생종(극조생)

조생종 양파는 4~5월경부터 공급되는데, 6월 이전에 먹는 햇양파가 거의 조생종 양파라고 생각하면 됩니다. 둥글납작하고 가로로 긴 원형이 특징이며, 수분이 많기 때문에 저장성이 떨어지므로 쉽게 상할 수 있으니 냉장고에 보관하여 가급적 빨리 먹는 것이 좋습니다. 조생종은 대체적으로 덜 맵고 단맛이 나며 부드러운 식감을 가지고 있어서 주로 장아찌를 담거나 피클로 만들어 먹습니다.

+ 조생풍옥황양파 : 허리가 높은 납작한 원형으로 평균 무게는 175g 정도로 균일합니다. 풋양파 및 알양파 재배에 알맞은 품종입니다.

+ 조생일출양파 : 동그랗고 큰 원형으로 선명한 황색을 띠며 평균 무게는 190~210g 정도입니다. 잎에 납질이 많아 노균병에 비교적 강한 품종입니다.

+ 용봉황양파 : 높고 큰 원형으로 조기 수확 시에도 많은 양을 수확할 수 있습니다. 생육이 왕성하고 풋양파 출하도 가능한 다수확 품종입니다.

• 중 · 만생종

중 · 만생종 양파는 우리나라에서 일반적으로 가장 많이 사용하는 황색양파로 6월에 수확하여 이듬해 3월까지 공급되는 양파입니다. 동그란 원형으로 크기가 큰 것이 특징이며 수분 함량이 낮아 저장성이 높습니다. 중 · 만생종 양파는 육질이 단단하고 아삭한 식감을 가지고 있기 때문에 조림이나 튀김, 찌개 등 각종 요리에 활용하기 좋습니다.

+ 용안황양파 : 저장성이 우수하여 오랫동안 저장이 가능하며 저장 중 감량이 적습니다. 선명한 적황색에 커다란 원형으로 다수확 가능한 품종입니다.

+ 봉안황양파 : 병충해에 강하며 작황이 안정된 품종으로, 저장성이 우수해 중장기 저장이 가능합니다. 다수확 재배에 적합합니다.

+ 천주구형황양파 : 중부지방에서는 밭에, 남부지방에서는 밭이나 논에 재배할 수 있는 품종으로 허리가 높은 원형이 특징입니다. 저장성이 매우 뛰어나 일반 간이 저장시설에서도 장기 저장이 가능합니다. 잎이 길고 굵으며 농록색을 띠고 생육이 왕성하여 노균병 등 병충해에 강합니다.

+ 옥석황양파 : 허리가 높은 납작한 원형으로 평균 무게는 200~300g 정도입니다. 잎은 녹색으로 가늘고 식물의 세력이 강하여 노균병에 강합니다. 저장성이 우수하여 이듬해 2월까지 부패구 발생이 적습니다.

+ 정풍황양파 : 비교적 빨리 자라 6월 상순이면 수확이 가능한 품종으로 순도가 고르며 노균병에 강해 재배하기가 쉽습니다.

3. 기타 품종

• 샬롯

샬롯은 일반 양파의 1/4 정도 크기로 '미니 양파'라고도 불립니다. 외관은 양파와 매우 유사하지만 양파보다 강한 단맛을 가지고 있으며 항산화물질과 비타민 등이 가득한 품종입니다. 샬롯에는 항산화물질인 퀘르세틴의 함량이 양파보다 2.7배 더 많이 들어있으며, 암 발생 위험을 감소시키고 콜레스테롤 생성을 억제해 최적의 콜레스테롤 수치를 유지해주는 알리신도 풍부합니다. 양파보다 세밀한 층을 가지고 있기 때문에 수분이 적어 6개월 이상 저장이 가능하다는 특징도 있습니다. 주로 프랑스와 이탈리아 요리에 향미채소로 사용되며, 피클 등 절임용으로도 애용됩니다.

• 페코로스

페코로스는 샬롯보다도 작은 3~4cm 크기의 양파로 '쁘띠 양파'라고도 불립니다. 크기가 작아 껍질을 벗기기는 어려우나 저장성이 좋고, 주로 수프나 피클용으로 사용합니다.

• 잎양파

잎과 함께 수확하는 잎양파는 초봄의 짧은 기간 동안만 유통되는 품종입니다. 달래와 외관이 비슷하며, 잎의 향기가 좋고 부드러워 파 대신 많이 쓰입니다.

🌀 양파요리의 기본 ──────────

■ 양파 구입법

음식의 기본은 좋은 재료! 신선한 양파를 사용하면 더욱 맛있는 요리를 만들 수 있습니다. '좋은 양파'는 껍질이 밝은 주황색으로 아주 선명하며 잘 말라있고, 손으로 눌러보았을 때 무르지 않고 단단해야 합니다. 양파를 들었을 때는 약간의 무게감이 있고 크기가 균일한 것이 좋으며, 양파를 잘랐을 때는 속에 싹이 없는 것이 좋은 양파입니다. 싹이 나 있는 양파는 푸석거리거나 속이 빈 경우가 많고, 보관을 잘못하면 악취가 나니 주의해주세요. 싹이 보이지 않고 어두운색을 띠지 않으면서 껍질이 얇지만 잘 벗겨지지 않는 것으로 구입하면 됩니다.

• 국산 양파와 중국산 양파 구별법

국내산		중국산	
통 양파	**깐 양파**	**통 양파**	**깐 양파**
껍질이 부드러워 잘 찢어지고, 뿌리털이 대부분 남아있으며, 줄기 부분이 깁니다.	세로줄이 희미하고 간격이 넓으며, 조직이 연합니다. 비늘의 쪽수가 적고 겉면이 전체적으로 흰색을 띠고 있습니다.	껍질이 질기고 잘 찢어지지 않으며, 뿌리털이 제거되어 있고, 줄기 부분이 짧습니다.	세로줄이 뚜렷하고 간격이 좁으며, 조직이 단단합니다. 비늘의 쪽수가 많고 겉면이 전체적으로 녹색을 띠고 있습니다.

■ 양파 보관법

좋은 양파를 구입했다면 이제는 보관 방법을 알아봅시다. 양파는 수분이 많기 때문에 비닐팩 등에 밀봉해서 보관하면 수분이 빠져나가지 못해 쉽게 무르고 역한 냄새를 풍기며 금방 썩어버립니다. 이는 냉장고에 보관해도 마찬가지인데요. 가장 올바른 보관법은 양파 망에 담겨 있는 상태 그대로 통풍이 잘 되는 서늘한 곳에 걸어 보관하는 것입니다. 또한 양파가 서로 맞닿아 있으면 습기가 생기고, 양파끼리 부딪혀 상처가 날 수 있으니 양파와 양파 사이를 끈으로 묶어 서로 닿지 않게 해주는 것이 좋습니다.

• 양파 보관 TIP (feat. 스타킹)

양파를 낱개로 구매해 양파 망이 없다면 올 나간 스타킹을 활용해 보관할 수 있습니다.

1. 스타킹에 양파 하나를 넣고, 양파 바로 위에서 매듭을 묶어주세요.
2. 그 위에 양파를 넣고, 또 다시 양파 위에서 매듭을 묶어주세요.
3. 이 과정을 4~5회 반복한 다음, 통풍이 잘 되고 서늘한 장소에 매달아 보관하면 끝!
4. 양파를 사용할 땐, 가위로 매듭 아래를 톡 잘라서 사용하면 돼요.

+ 양파를 하나씩 넣고 매듭을 묶어주는 이유는 양파끼리 닿지 않도록 하기 위해서인데요. 이렇게 하면 습기나 상처가 생기지도 않고 아래쪽부터 톡톡 잘라 사용하면 되기 때문에 훨씬 편리해요. 스타킹 하나당 양파는 다섯 개 정도 보관할 수 있답니다.

만약 잘 마르지 않은 양파를 구입했다면? 그늘에 쫙 펴서 완전히 말린 다음 보관하세요.

껍질을 깐 양파나 손질 후 남은 양파는? 밀폐용기에 담아 냉장고 신선실에 보관하는 것이 좋습니다. 하지만 양파를 썬 채로 오래 두면 양파 특유의 톡 쏘는 맛이 사라지므로 가급적 통째로 보관하세요.

냉동 보관을 하고 싶다면? 양파를 용도에 맞게 손질한 다음 살짝 볶아서 소분해 얼리면 필요할 때마다 간편하게 사용할 수 있어요.

대량의 양파를 보관하고 싶다면? 껍질을 벗겨 적당한 크기로 자른 다음 건조시켜 양파말랭이(p.22)로 만들어보세요.

■ 양파 손질법

① 양파의 양 끝부분을 칼로 잘라냅니다.

② 양파의 껍질을 벗겨냅니다.
+ 양파 껍질은 깨끗이 씻은 다음 육수에 넣어 활용하거나 차로 우려 마실 수 있습니다.

③ 양파를 흐르는 물에 깨끗이 씻은 다음 용도에 맞게 잘라 사용합니다.

■ 양파 써는 방법

① 채 썰기
볶음, 덮밥 고명, 조림 등

② 링 썰기
구이, 샌드위치, 어니언링 튀김 등

③ 다지기
볶음밥이나 양파소스, 양념장 등

④ 깍둑썰기(작은 양파는 4등분, 큰 양파는 6등분)
양파피클, 양파장아찌, 양파조림, 찌개, 카레라이스 등

> • 양파 썰기 TIP
> 양파를 썰다보면 눈이 매워 눈물이 납니다. 이는 양파에 들어있는 최루성 물질의 효소가 칼질을 할 때마다 활성화되어 휘발성 물질인 프로페닐스르펜산propanesulfonic acid을 분비하기 때문인데요. 공기 중으로 휘발된 프로페닐스르펜산이 눈에 닿는 순간 눈물이 나게 되는 것입니다.
>
> 이처럼 눈물이 나는 것을 막기 위해서는 양파를 미리 찬물에 10분 정도 담가두거나, 칼에 물을 묻혀 자르거나, 근처에 초를 켜두고 손질하면 도움이 됩니다.

■ 양파와 어울리는 재료

조림, 볶음, 튀김, 찌개, 생채 등 다양한 요리에 폭넓게 활용되고 있는 양파는 수분이 전체의 90%를 차지하지만 단백질, 탄수화물, 비타민C, 칼슘, 인, 철 등의 영양소도 다량 함유되어 있는 효자 식품입니다. 한국인의 식탁에서 빠질 수 없는 식재료인 양파는 생으로 먹기도 하고 다른 재료와 함께 조리하기도 하는데요. 조리 방법도 쉽고 어떤 재료와도 잘 어울려 웬만한 요리에는 빠지지 않는 감초 같은 채소입니다.

팔방미인인 양파는 어떤 식재료와도 최고의 조합을 보이지만 그중 특히 더 잘 어울리는 재료 몇 가지를 소개해드리겠습니다.

1. 돼지고기와 양파

양파는 수분이 많고 특유의 매운맛이 있어서 기름진 음식과 함께 먹으면 입안을 개운하게 해주는 작용을 합니다. 육류와 기름을 많이 사용하는 중국 음식에 양파를 곁들여먹는 까닭도, 양파가 느끼한 맛을 없애주고 입안을 산뜻하게 해주는 효과가 있기 때문입니다.

양파를 돼지고기와 함께 섭취하면 피가 맑아지는 효과를 볼 수 있습니다. 또한 소화를 촉진시키고 입맛을 돋우는 역할을 하기 때문에 소화력이 약한 사람은 돼지고기 요리에 양파를 넣어 함께 먹으면 소화 흡수율이 좋아집니다. 이외에도 살균·해독 작용으로 돼지고기가 상하는 것을 방지해주기도 하는데요. 우리가 돼지고기를 재울 때 풍미를 높이기 위해 양파를 갈아 넣는데, 이럴 경우 맛이 좋아짐은 물론 돼지고기가 쉽게 상하지 않아 보다 오래 먹을 수 있습니다.

2. 브로콜리와 양파

브로콜리는 서양인들에게 항암 채소로 인식되어 있는데요. 실제로 브로콜리에는 비타민C, 베타카로틴[β-carotene], 비타민E, 루테인[lutein], 셀레늄[selenium], 식이섬유 등 자연의 항암물질들이 다량 함유되어 있습니다. 이런 브로콜리를 조리할 때 양파를 곁들이면 브로콜리의 항암 작용이 더 커져 암 예방을 위한 시너지 효과를 기대할 수 있습니다. 또한 양파와 브로콜리를 함께 먹으면 단맛과 아삭한 식감이 조화를 이루어 맛도 훌륭하답니다. 볶아 먹고, 데쳐 먹고, 수프로 만들어 먹으며 다양하게 즐겨보세요.

3. 닭고기와 양파

양파에는 아미노산이 많아 특유의 단맛이 있습니다. 이 단맛은 닭고기와 함께 조리하면 닭의 잡냄새를 없애줄 뿐 아니라, 육질에 양파의 향이 은은하게 배어 닭고기의 맛을 한층 배가시켜주는 역할을 하기도 합니다.

4. 해조류와 양파

양파를 파래, 미역, 다시마 등의 해조류와 함께 먹으면 혈전 생성 예방에 도움이 됩니다. 특히 다시마는 양파의 영양 성분을 고스란히 보존하면서도, 양파 특유의 냄새를 제거하는 데 효과적입니다.

5. 과일과 양파

양파는 비타민의 흡수를 도와주는 역할을 하기 때문에 과일과도 아주 잘 어울립니다. 과일과 함께 샐러드를 만들거나 즙으로 섭취하면 비타민을 더욱 잘 흡수할 수 있습니다.

🍥 양파요리의 비밀레시피

🌱 양파大 6개 분량   🍳 12시간

양파말랭이

양파를 적당한 두께로 채 썰어 말린 양파말랭이입니다. 양파를 말리면 쫀득한 식감은 물론, 매운맛은 줄어들고 단맛은 늘어나 맛있게 먹을 수 있는데요. 양파말랭이는 무쳐 먹거나 육수를 낼 때 주로 사용하고, 갈아서 양파가루로 활용할 수도 있습니다.

+ Ingredients

양파大 6개

+ Cook's tip

- 식품건조기는 제품마다 성능이 다르기 때문에 건조 상태를 보면서 온도와 시간을 가감하도록 합니다. 양파에 물기가 없도록 바짝 말리면 됩니다.
- 식품건조기가 없다면 채 썬 양파를 채반에 펼쳐 바람이 잘 통하는 곳에서 3~4일 동안 자연 건조시킵니다.
- 양파말랭이는 밀폐용기에 소분해서 냉동 보관하면 오래 보관할 수 있습니다.

+ Directions

재료를 준비합니다.

양파를 0.5cm 두께로 채 썰어줍니다.

식품건조기에 채 썬 양파를 하나씩 분리해 겹치지 않도록 펴고, 70℃에서 12시간 정도 완전히 건조시키면 완성입니다.

양파가루

양파말랭이로 쉽고 간단하게 만들 수 있는 천연조미료 양파가루입니다. 양파가루는 설탕 대신 다양하게 활용할 수 있는데요. 국이나 찌개에 넣으면 국물의 깊은 맛과 감칠맛을 살릴 수 있습니다.

+ Ingredients

양파말랭이 150g

+ Cook's tip

- 양파말랭이는 22p를 참고해 만들면 됩니다.
- 완성된 양파가루는 밀폐용기에 넣어 냉동 보관하고, 눅눅해지지 않도록 필요할 때마다 조금씩 꺼내 사용합니다.

+ Directions

1

재료를 준비합니다.

2

양파말랭이를 기름을 두르지 않은 마른 팬에 넣고 중간 불에서 갈색이 될 때까지 볶습니다.

3

볶은 양파말랭이를 한 김 식힌 다음 믹서기에 넣고 곱게 갈면 완성입니다.

양파청
(양파효소)

생선과 육류요리에 사용하면 잡내를 잡아주고, 요리의 감칠맛을 높여주는 만능양념, 양파청입니다. 수분과 단맛이 많은 햇양파로 양파청을 담그면 더욱 좋으며, 양파청을 실온에서 6개월 이상 2차 발효시키면 양파효소를 만들 수도 있습니다.

+ Ingredients

양파中 3개(600g)
설탕 600g

+ Cook's tip

• 숙성시키는 동안 중간에 한 번씩 바닥에 가라앉아 있는 설탕이 잘 녹도록 저어줍니다.

• 한 달 뒤 걸러낸 양파 건더기는 졸여서 잼으로 만들어도 좋고, 고기 요리에 사용해도 좋습니다.

• 숙성 과정에서 곰팡이가 생기지 않도록 가스를 잘 빼주어야 합니다.

+ Directions

재료를 준비합니다.

유리 저장용기를 열탕 소독합니다. 냄비에 물을 채우고 유리용기를 거꾸로 놓은 상태로 물을 끓여 용기 안에 수증기가 차도록 합니다. 그다음 용기를 조심히 꺼내 똑바로 세워 식혀둡니다.

양파를 적당한 크기로 채 썹니다.

볼에 채 썬 양파를 담고 설탕을 4/5 정도만 넣어 골고루 버무립니다.

설탕에 버무린 양파를 열탕 소독한 저장 용기에 넣습니다.

양파 윗부분에 4번에서 남겨둔 설탕을 넣어 채웁니다.

뚜껑을 덮고 서늘한 곳에서 한 달 동안 숙성시킵니다. 숙성 과정에서 가스가 나올 수 있으니 처음 일주일 정도는 고무패킹을 빼고 뚜껑을 덮습니다.

한 달 뒤, 양파 건더기는 건져내고 양파청만 따로 냉장 보관하면 완성입니다.

양파즙

전기밥솥으로 집에서 쉽게 만들 수 있는 양파즙입니다. 양파 보관이 어렵거나, 많은 양의 양파를 빨리 섭취해야 할 때 양파즙을 만들어보는 건 어떨까요? 사 먹는 것보다 집에서 직접 만들어 먹으면 더욱 믿음도 가고 건강하게 섭취할 수 있답니다.

+ Ingredients

양파中 5개
물 100ml

+ Cook's tip

• 10인용 밥솥에는 중간 크기의 양파 7개 정도가 적당합니다.

• 양파즙은 서늘한 곳이나 냉장 보관하고, 하루에 2번, 1회에 100ml 정도 섭취합니다.

• 단맛을 추가하고 싶다면 사과나 대추 등을 조금 넣어서 만들어도 좋습니다.

• 양파에 있는 퀘르세틴 성분은 지방 및 콜레스테롤이 혈관에 쌓이는 것을 방지해 고지혈증과 고혈압 예방에 도움을 줍니다. 그러나 신장질환을 앓고 있거나 간과 담이 약한 분들은 섭취에 유의하는 것이 좋습니다.

재료를 준비합니다.

양파의 겉껍질과 뿌리를 제거하고, 속껍질은 따로 벗겨 준비합니다.

양파와 속껍질은 깨끗이 씻어서 준비하고, 양파는 8등분으로 자릅니다.

밥솥에 자른 양파와 속껍질을 넣고 물을 부은 다음, 밥솥의 찜 기능을 누르고 40분 동안 기다립니다.

40분 뒤, 체를 이용해 양파와 속껍질을 걸러내면 완성입니다.

양파각설탕

음식 고유의 맛을 해치지 않으면서도 요리에 따라서 단맛과 감칠 맛을 끌어내는 양파각설탕입니다. 밀폐용기나 비닐 팩에 담아 보관했다가 찌개나 국물요리에 설탕 대신 활용해보세요.

+ Ingredients

양파中 2개(400g)
물 200ml

+ Cook's tip

• 양파와 물을 2 : 1 비율로 유지하면 가정에서 사용하는 얼음틀의 크기에 맞춰 얼마든지 가감이 가능합니다.

• 양파를 끓일 때, 물의 양을 줄이면 단맛이 증가합니다.

• 양파의 프로필메르캅탄이라는 황화합물은 당 성분이 아님에도 불구하고 가열하면 단맛이 나는 특성이 있습니다. 특히 감미도가 설탕의 50~70배 정도로 크기 때문에 소량으로도 단맛을 느낄 수 있습니다.

재료를 준비합니다.

양파를 얇게 채 썰어줍니다.

냄비에 채 썬 양파와 물을 넣고 뚜껑을 덮어
중간 불에서 20분간 끓입니다.

끓인 양파를 한 김 식힌 다음 믹서기에 넣고
곱게 갈아줍니다.

곱게 간 양파를 얼음틀에 넣고 냉동실에
넣어 하루 정도 얼리면 완성입니다.

양파식초

요리에 사용하면 더욱 달콤하고 깊은 풍미를 느끼게 해주는 양파 식초입니다. 일반적으로 양파는 보관할 수 있는 기간에 한계가 있는데요. 이렇게 식초로 만들어두면 오랫동안 보관할 수 있답니다. 양파와 식초의 영양 성분을 효과적으로 얻을 수 있는 양파식초로 건강까지 챙겨보세요.

+ Ingredients

양파말랭이 500g
말린 양파속껍질 한 줌
현미식초 900ml
원당 2T

+ Cook's tip

- 양파말랭이는 22p를 참고해 만들면 됩니다.
- 저장용기를 열탕 소독하는 방법은 양파청(p.24)을 참고합니다.
- 양파식초를 만들 때는 당도가 높은 식초를 사용하면 발효가 잘 되지 않기 때문에 당도가 적은 현미식초를 사용하는 것이 좋습니다.
- 한 달 동안 숙성시킨 뒤 양파와 양파속껍질을 건져내야 오래 보관이 가능합니다.
- 양파식초를 하루에 3회, 1회 25ml 정도씩 식후에 섭취하면 두통과 변비 해소에 도움을 줄 뿐만 아니라 치매 예방에도 효과적입니다.

재료를 준비합니다.

식초에 원당을 넣고 녹을 때까지 골고루
저어줍니다.

열탕 소독한 저장용기에 양파말랭이와 양
파속껍질을 넣고 식초+원당을 부은 뒤,
밀봉하여 2주간 숙성시킵니다.

2주 후부터 섭취가 가능하며, 한 달 후에
양파와 양파속껍질을 걸러내 양파식초만
보관하면 완성입니다.

양파와인

유럽에서 즐겨 마시는 약용 술로 아주 간단하게 만드는 양파와인입니다. 물에 타서 마시거나 과일즙을 넣어 기호에 맞게 마시면 되는데요. 혈액 속의 당분과 악성 콜레스테롤을 제어하는 양파의 효능을 포도주에 담았습니다.

+ Ingredients

레드와인 1병(750ml)
양파中 3개

+ Cook's tip

- 저장용기를 열탕 소독하는 방법은 양파청(p.24)을 참고합니다.
- 양파를 와인에 너무 오래 두면 군내가 날 수 있습니다. 숙성 기간은 3일이 적당합니다.
- 걸러낸 양파 건더기는 버리지 말고, 스테이크나 불고기 등을 재울 때 사용하면 좋습니다.
- 양파와인은 공복을 피해 복용하고 소주잔으로 1~2번, 한 번에 50ml 정도 드시면 됩니다.

재료를 준비합니다.

양파는 깨끗이 씻은 다음 물기를 완전히 제거하고 8등분으로 자릅니다.

열탕 소독한 저장용기에 양파를 넣고 와인을 부은 뒤, 밀봉하여 서늘한 곳에서 3일간 숙성시킵니다.

숙성이 끝난 와인은 양파 건더기를 걸러내고 냉장 보관하면 완성입니다.

양파요구르트

양파요구르트는 장내 환경 개선에 매우 효과적인 건강식품입니다. 양파의 수용성 식이섬유와 요구르트의 유산균이 변비 예방과 면역력 향상에 도움을 주고, 또한 다이어트에도 도움이 되니 꼭 한 번 만들어보는 것을 추천합니다.

+ Ingredients

양파中 1/2개
플레인 요구르트(무당) 200g
소금 1/4t

+ Cook's tip

- 양파요구르트는 만든 뒤 2~3일 내로 섭취합니다.
- 먹기 전에 꿀을 넣어도 좋고, 샐러드 등 다양한 요리에 드레싱으로 뿌려먹어도 좋습니다.
- 양파의 알싸한 맛을 좋아한다면 2번 과정에서 공기에 노출시키지 말고 바로 요구르트와 섞어 만듭니다.
- 하루 정도 밀폐용기에 담아 재우면 양파의 숨이 죽어 먹기에 훨씬 편해집니다.

재료를 준비합니다.

양파를 최대한 얇게 채 썬 다음 공기에 30분
정도 노출시켜 알싸한 맛을 날립니다.

볼에 채 썬 양파와 플레인 요구르트, 소금
을 넣고 골고루 섞습니다.

잘 섞은 양파요구르트를 밀폐용기에 담고
냉장고에서 하룻밤 숙성시키면 완성입니다.

양파껍질차

요리할 때 버려지기 일쑤였던 양파껍질에는 양파의 주성분인 퀘르세틴이 알맹이보다 무려 60배나 더 많이 함유되어 있습니다. 퀘르세틴은 활성산소를 중화시켜 항산화작용을 돕고, 면역력 강화에 도움을 주는데요. 양파껍질차로 건강관리를 하는 건 어떨까요?

+ Ingredients

말린 양파속껍질 20g
물 2ℓ

+ Cook's tip

- 양파껍질차는 국물요리를 할 때 사용해도 좋고, 조금 연하게 끓여서 식수대용으로 마셔도 좋습니다.
- 양파껍질에 풍부한 항산화성분은 노인성치매 등과 같은 뇌질환 예방에 도움이 됩니다.
- 양파껍질차를 꾸준히 섭취하면 신경을 진정시켜주어 숙면에 도움이 됩니다.

+ Directions

재료를 준비합니다.

양파속껍질을 물에 깨끗이 씻어 하루 정도 햇빛에 말립니다.

주전자에 양파속껍질과 물을 넣고, 물이 끓기 시작하면 약한 불로 줄여 30분간 우리면 완성입니다.

PART 1.

양파로 만드는
한 그릇
음식

양파 덮밥

양파를 간장소스에 졸여 밥과 함께 슥슥 비벼먹는 덮밥입니다. 간단한 재료로 만들었지만 속을 든든하게 채워주는 음식으로 취향에 따라 마요네즈를 뿌려 먹으면 더욱 맛있습니다.

+ Ingredients

양파덮밥
양파大 1개
밥 2공기
마요네즈 적당히
파 적당히

간장소스
간장 4T
물 4T
미림 1T
올리고당 1T
사과식초 1T
다진 마늘 1T
후추 조금

+ Cook's tip

- 천천히 약한 불에서 조리해야 맛있는 양파덮밥을 만들 수 있습니다.
- 간장소스는 쯔유(일본식 맛간장)로 대체 가능합니다.
- 양파덮밥에 연어를 얹으면 사케동으로 먹을 수 있습니다.

1. 재료를 준비합니다.

2. 양파는 적당한 두께로 채 썰고, 파는 송송 썰어 준비합니다.

3. 볼에 분량의 간장소스 재료를 모두 넣고 골고루
   섞습니다.

4. 냄비에 채 썬 양파를 넣고 간장소스를 부어 중간 불로 끓입니다.

5. 간장소스가 끓기 시작하면 약한 불로 줄이고 양파가 갈색으로 변할 때까지 약 10분간 졸여 양파덮밥소스를 만듭니다.

6. 그릇에 밥을 담고 양파덮밥소스를 얹은 다음 마요네즈와 파를 올리면 완성입니다.

가츠동

한 끼 식사로 아주 든든한 가츠동입니다. 가츠동의 핵심은 바삭한 돈가스와 달콤한 양파인데요. 다시마 우린 물에 가쓰오부시를 넣어 만든 육수와 달콤짭짜름한 소스를 넣어 졸인 양파가 순식간에 밥 한 공기를 뚝딱하게 만든답니다.

+ Ingredients

가츠동
돈가스 1장
양파中 1/2개
달걀 1개
파 적당히
밥 1공기

가쓰오부시 육수
물 300ml
다시마(4×5cm) 1장
가쓰오부시 한 줌

소스
간장 3T
미림 1T
올리고당 3T
다진 마늘 1t
후추 조금

+ Cook's tip

- 가쓰오부시 육수는 가츠동 이외에 나베나 샤브샤브 등 일본식 국물요리에 사용해도 좋습니다.
- 돈가스를 소스와 함께 끓여 조리하면 촉촉한 식감을 맛볼 수 있습니다. 만약 돈가스를 바삭하게 즐기고 싶다면, 소스와 따로 조리한 다음 마지막에 밥 위에 올려도 됩니다.
- 취향에 따라 우스터소스나 간장 등을 곁들여도 맛있습니다.

1. 재료를 준비합니다.

2. 돈가스를 먹기 좋은 크기로 자릅니다. 양파는 0.5cm 두께로 채 썰고, 파는 송송 썰어 준비합니다.

3. 냄비에 물과 다시마를 넣고 끓입니다. 물이
   끓기 시작하면 다시마를 건져내고 불을 끕니다.

4. 다시마 우린 물에 가쓰오부시를 넣고 5분간 우리다가 체에 걸러 가쓰오부시 육수를 만듭니다.

5. 냄비에 가쓰오부시 육수를 붓고, 분량의 소스 재료와 채 썬 양파를 넣어 중간 불로 끓이다가 양파의 숨이 죽으면 썰어둔 돈가스를 넣고 끓입니다.

6. 3분간 더 끓이다가 달걀을 풀어 넣고 뚜껑을 덮어 반숙으로 익힙니다. 그다음 밥 위에 얹고 송송 썬 파를 올리면 완성입니다.

간
짜
장

집에서 간단하게 만드는 간짜장입니다. 기름에 튀기듯 볶은 춘장을 사용하면 더욱 고소하고 감칠맛 나는 간짜장을 만들 수 있는데요. 완성된 간짜장은 생면 위에 올려 비벼먹거나 밥에 얹어 짜장밥으로 드시면 아주 맛있습니다. 더욱 진하고 깊어진 볶은 춘장으로 맛있는 간짜장을 만들어보세요.

+ Ingredients ────────────────

간짜장

양파中 2개
양배추 1/16통(90g)
돼지고기 목살 100g

밥 2공기 or 생면 2인분

식용유 3T
생 춘장 4T
다진 마늘 1T
다진 생강 1/4t
다진 파 2T
청주 1T
설탕 1T
굴소스 1T

+ Cook's tip ────────────────

• 춘장을 기름에 튀기듯 볶으면 고소함과 감칠맛을 높일 수 있습니다.

• 생 춘장을 볶으면 덩어리가 생기는데, 덩어리가 몽글몽글 생기면 춘장 볶기가 완성됩니다.

1. 재료를 준비합니다.

2. 양파와 양배추, 돼지고기 목살을 1cm 크기로 깍둑썰기 합니다.

3. 달군 팬에 식용유를 두르고, 생 춘장을 넣어 약한 불에서 5분간 튀기듯이 볶습니다.

4. 춘장에 덩어리가 생기면 돼지고기 목살과 다진 마늘, 다진 생강, 다진 파를 넣고 3분간 볶습니다.

5. 깍둑썰기 한 양파와 양배추를 넣고, 청주를 부어 중간 불에서 숨이 살짝 죽을 때까지 볶습니다.

6. 마지막으로 설탕과 굴소스를 넣고 한 번 더 볶으면 완성입니다. 완성된 간짜장은 밥이나 생
   면 위에 올려 먹으면 됩니다.

소고기 토마토 양파 스튜

무수분으로 푹 끓여낸 소고기 토마토 양파스튜입니다. 부담 없이 즐길 수 있는 요리로 그냥 먹어도 좋지만, 바게트나 호밀빵 또는 밥을 곁들이면 든든한 한 끼 식사가 됩니다.

+ Ingredients

소고기 토마토 양파스튜

양파中 3개
토마토中 4개
소고기 채끝살 300g
버터 한 조각

토마토 페이스트 100g
소금 조금
후추 조금

+ Cook's tip

• 소고기 대신 다른 고기를 사용해도 좋습니다.

• 소고기를 구울 때 버터를 넣으면 풍미가 살아납니다. 만약 버터가 없다면 식용유를 사용해도 좋습니다.

• 취향에 따라 감자나 당근 등 다른 채소를 추가해도 좋습니다.

1. 재료를 준비합니다.

2. 토마토의 꼭지를 제거하고, 십자(十) 모양으로 칼집을
   낸 다음 끓는 물에 살짝 데칩니다.

3. 데친 토마토는 껍질을 벗겨 적당한 크기로 자르고, 양파는 채 썰어 준비합니다.

4. 키친타월로 소고기의 핏물을 제거한 다음, 버터를 두른 팬에
   올려 중간 불로 소고기를 굽습니다. 앞뒤로 적당히 익은 소고
   기는 먹기 좋은 크기로 잘라 준비합니다.

5. 냄비에 양파, 토마토, 소고기 순으로 넣고, 뚜껑을 덮어
   약한 불로 끓입니다.

6. 중간 중간 한 번씩 저으면서 약한 불에서 40분간 푹 끓입니다.

7. 마지막으로 토마토 페이스트를 넣고, 취향에 따라 소금과 후추로 간을 맞추면 완성입니다.

무수분 양파카레

양파를 끓이면서 생기는 물기로 재료를 익히는 무수분 양파카레입니다. 물이 들어가지 않아 더욱 진한 카레의 맛을 느낄 수 있는데요. 끓일수록 올라오는 양파의 단맛과 감칠맛으로 깊은 풍미의 카레를 만들어보세요.

+ Ingredients

무수분 양파카레
양파大 2개
카레용 돼지고기(목살) 150g
고형카레(카레가루) 20g

+ Cook's tip

- 물을 붓지 않고 양파에서 나온 수분으로만 만드는 음식이기 때문에 카레의 영양 손실이 적습니다.
- 카레의 농도가 너무 되직하다면 필요에 따라 물을 조금 넣어도 됩니다(저수분 요리).
- 취향에 따라 토마토를 함께 넣어 조리해도 좋습니다.

1. 재료를 준비합니다.

2. 양파를 0.3cm 두께로 채 썰어줍니다.

3. 채 썬 양파를 냄비에 넣고 카레용 돼지고
   기를 올린 다음, 뚜껑을 덮어 약한 불에
   서 1시간 동안 조리합니다.

4. 중간에 한 번씩 저어주며 양파에서 물기가 잘 나오는지 확인합니다. 충분히 물기가 나왔다면 고형카레를 넣고 약한 불에서 잘 저으며 풀어주면 완성입니다.

프렌치 어니언 수프

양파를 볶아서 푹 끓여 달달하면서도 감칠맛이 나는 프렌치 어니언수프입니다. 수프만 먹어도 좋지만 빵과 치즈를 얹으면 맛은 물론 속이 든든해 한 끼 식사로도 손색이 없어요. 오븐이 없다면 전자레인지에 넣고 치즈가 녹을 때까지 돌리면 돼요.

+ Ingredients

프렌치 어니언수프

양파中 3개
버터 40g
다진 마늘 1t
밀가루 1t
물 3T
화이트와인 100ml
닭육수 500ml

바게트 4조각
모차렐라치즈 50g
파슬리가루 조금

+ Cook's tip

• 양파는 일정한 굵기로 채 썰어야 볶을 때 색이 고르게 납니다. 양파를 볶을 때는 타지 않도록 주의합니다.

• 닭육수가 없다면 물 500ml에 치킨스톡 1조각을 넣어 만들면 됩니다.

• 수프를 끓이는 도중 떠오르는 거품을 걷어내야 깔끔한 맛의 어니언수프를 만들 수 있습니다.

• 바게트가 너무 두꺼우면 수프를 많이 흡수하기 때문에 너무 두껍지 않게 자릅니다.

1. 재료를 준비합니다.

2. 양파는 일정한 굵기로 얇게 채 썰어 준비합니다.

3. 달군 팬에 버터를 두르고, 채 썬 양파와 다진 마늘을 넣어 약한 불에서 양파가 갈색이 될 때까지 볶습니다 (캐러멜라이징).

4. 양파에 밀가루와 물을 넣고 섞어 걸쭉하게 만든 다음, 화이트와인을 넣고 알코올이 날 아갈 때까지 볶습니다.

5. 닭육수를 넣고 약한 불에서 40분간 푹 끓 여 어니언수프를 만듭니다.

6. 오븐 용기에 어니언수프를 넣고 바 게트와 모차렐라치즈, 파슬리가루 를 얹어 180℃로 예열한 오븐에서 10분간 구우면 완성입니다.

양파구이 + 고추장 소고기

양파를 두껍게 썰어 굽고, 고추장 소고기를 곁들여 새로운 조합의 음식을 만들었습니다. 만드는 과정이 굉장히 간단해 누구든지 쉽게 만들 수 있으며, 특히 고추장 소고기는 넉넉히 만들어 두면 밥반찬으로도 활용할 수 있어 아주 좋습니다.

+ Ingredients

양파구이

양파大 1개
올리브유 1t
소금 한 꼬집
후추 조금
식용유 약간

고추장 소고기

다진 소고기 50g
식용유 1T
다진 마늘 1t
미림 1t
고추장 1t
간장 1t

+ Cook's tip

• 마늘을 볶을 때는 마늘이 타지 않도록 주의합니다.
• 고추장 소고기를 만들 때는 간장을 살짝 태우듯 볶으면 더욱 풍미가 좋아집니다.

1. 재료를 준비합니다.

2. 양파를 도톰하게 슬라이스 한 다음 앞뒤로 올리브유를 바르고, 소금과 후추로 밑간을 합니다.

3. 다진 소고기는 키친타월로 눌러 핏물을 제거합니다.

4. 팬에 식용유를 두르고 다진 마늘을 넣어 약한 불에서 볶다가 마늘의 향이 솔솔 올라오면 소고기를 넣고 센 불에서 달달 볶습니다.

5. 소고기의 육즙을 어느 정도 날린 다음 미림을 넣고 중약 불에서 볶습니다.

6. 고추장을 넣고 볶다가 간장을 넣어 센 불에서 볶아 고추장 소고기를 만듭니다.

7. 달군 팬에 식용유를 두르고 밑간한 양파 슬라이스를 앞뒤로 노릇하게 굽습니다. 그다음 구운 양파를 접시에 올리고 6번의 고추장 소고기를 올리면 완성입니다.

양파소스 스테이크

두툼한 스테이크에 향긋한 마늘과 아삭한 양파의 식감이 살아 더욱 맛있는 양파소스를 부으면 고급 레스토랑 못지않은 스테이크 완성! 풍미 가득하고 감칠맛 나는 소스로 오늘 저녁은 우아하게 스테이크를 썰어 볼까요?

+ Ingredients

양파소스

양파小 1개
양송이버섯 2개
마늘 4알
식용유 1T
시판용 스테이크소스 100g

스테이크

스테이크용 소고기 300g
올리브유 1T
소금 조금
후추 조금
로즈마리 조금
식용유 7T

+ Cook's tip

• 시판용 스테이크소스 대신 돈가스소스를 사용해도 좋습니다.
• 마늘을 볶을 때는 약한 불로 타지 않도록 주의하며 볶습니다. 이때 식용유 대신 버터를 사용하면 조금 더 깊은 풍미의 소스를 만들 수 있습니다.
• 스테이크용 소고기를 중불에서 바삭하게 튀기듯 구우면, 육즙의 손실이 최소화되어 더욱 맛있게 즐길 수 있습니다.

1. 재료를 준비합니다.

2. 키친타월을 이용해 스테이크용 소고기 겉
   면의 핏물을 제거합니다.

3. 소고기에 올리브유를 골고루 바른 다음 소금과 후추, 로즈마리를 얹어 밑간한 뒤, 실온에서
   30분간 숙성시킵니다.

4. 팬에 식용유를 넉넉히 두르고 센 불에서 달군 다음, 소고기를 넣고 중간 불로 줄여 앞뒤로 1분씩 익힙니다. 겉면이 익었다면 약한 불로 줄여 앞뒤로 뒤집어가면서 익혀 준비합니다(레어 3분, 미디움 5분, 웰던 7분).

5. 양파는 잘게 다지고, 양송이버섯은 밑동을 제거한 뒤 적당한 두께로 슬라이스 해 준비합니다. 마늘은 편으로 썰어둡니다.

6. 팬에 식용유를 두르고 편으로 썬 마늘을
   넣은 다음 약한 불에서 볶습니다.

7. 마늘 향이 솔솔 올라오면 양파를 넣고 볶
   습니다. 양파가 투명해지면 양송이버섯을
   넣고 한 번 더 볶습니다.

8. 양송이버섯이 어느 정도 익으면 시판용 스테이크소스를 넣고 볶아서 양파소스를 만듭니다.

9. 완성된 양파소스를 4번에서 구운 스테이크 위에 뿌리면 완성입니다.

PART 2.

양파로 만드는

반찬

양파 감자전

양파링을 이용해 정갈한 감자전을 만들어 보았습니다. 반죽에 감자전분을 넣어 쫄깃한 식감을 살리고, 양파의 달콤함을 더해 그 맛은 두 배! 아이들 입맛에도 딱 맞아서 반찬은 물론 간식으로 먹기에도 아주 좋아요.

+ Ingredients

양파 감자전

양파中 1개
감자中 2개(360g)
소금 1/4t
식용유 2T
청고추 1개
홍고추 1개

+ Cook's tip

- 양파 감자전을 부칠 때는 기름을 넉넉히 두르고 튀기듯 부쳐야 맛있습니다.
- 반죽에 감자전분을 넣으면 쫄깃한 식감의 감자전을 만들 수 있습니다.
- 자색양파를 사용하면 더욱 예쁜 감자전이 완성됩니다.

1. 재료를 준비합니다.

2. 양파는 0.5cm 두께의 링 모양으로 자르고, 청고추와 홍고추는 송송 썰어 준비합니다.

3. 감자는 껍질을 벗겨 강판에 갈고 체를 이용해 물기를 제거합니다.

4. 체에서 걸러진 물은 10분 정도 가만히 두어 전분을 가라앉힌 다음, 윗부분의 물을 버려 감자전분만 분리합니다.

5. 3번에서 체에 걸러 물기를 제거한 감자에 4번에서 분리한 감자전분과 소금을 넣고 반죽합니다.

6. 팬에 양파링을 하나씩 올리고 감자반죽을 채웁니다.

7. 식용유를 두르고 약한 불에서 앞뒤로 노릇노릇하게 부치다가, 어느 정도 전이 익었을 때 청고추와 홍고추를 올려 장식하면 완성입니다.

양파잡채

양파와 당면만으로 만든 양파잡채입니다. 일반적인 잡채는 다양한 재료가 필요하지만 양파잡채는 그것보다 훨씬 간단하고 쉽게 만들어 먹을 수 있습니다. 식용유에 달달 볶은 양파가 단맛과 감칠맛을 자아내 특별한 재료 없이도 당면과 아주 잘 어울린답니다.

+ Ingredients

양파잡채

양파大 1개
당면 한 줌(100g)
부추 3뿌리

식용유 1T
참기름 1t
깨 1t

양념장

다진 쪽파 1/4컵
다진 마늘 1T
간장 3T
올리고당 1t
물 50ml
설탕 1t
후추 조금

+ Cook's tip

• 당면을 물에 1시간 정도 불리면 당면 특유의 냄새가 사라지고, 탱글탱글한 식감 또한 유지할 수 있습니다.

1. 재료를 준비합니다.

2. 당면을 찬물에 약 1시간 정도 담가 불립니다.

3. 양파는 0.3cm 두께로 채 썰고, 부추는 5cm 길이로 잘라 준비합니다.

4. 작은 볼에 분량의 양념장 재료
   를 모두 넣고 섞습니다.

5. 팬에 식용유를 두르고 양파를 볶습니다. 양파가 투명해지면 불린 당면과 양념장을 넣고 양념
   이 골고루 퍼지도록 약한 불에서 볶습니다.

6. 부추를 넣고 부추의 숨이 죽을 정도로만 볶은 다음, 참기름과 깨를 뿌리면 완성입니다.

양파 오이무침

정말 쉽고 간단하게 만들 수 있는 반찬인 양파 오이무침입니다. 무쳐서 바로 먹을 때는 절이지 않고 만드는 것이 좋지만, 많은 양을 무쳐서 보관하고 싶다면 오이를 소금에 절였다가 물기를 제거한 뒤 무치면 됩니다.

+ Ingredients

양파 오이무침
양파中 1개
오이 1개
대파 적당히

양념
고춧가루 2T
매실청 1.5T
다진 마늘 1T
소금 1/2t

+ Cook's tip

- 부족한 간은 소금으로 조절합니다.
- 무침에 물기가 생기는 것이 싫다면 오이를 소금에 10분 정도 절였다가 물기를 꽉 짠 다음 무치면 됩니다.

1. 재료를 준비합니다.

2. 양파는 0.5cm 두께로 채 썰고,
   오이는 세로로 반을 자른 다음
   어슷썰기 합니다. 대파도 어슷
   썰기 해 준비합니다.

3. 작은 볼에 분량의 양념 재료를 모두
   넣고 섞습니다.

4. 양파와 오이, 대파를 넣은 볼에 양념을 넣고 골고루 버무리면 완성입니다.

양파 당근볶음

간단하게 볶아서 쉽게 만들 수 있는 밑반찬, 양파 당근볶음입니다. 양파는 어느 식재료와 함께 만들어도 잘 어울리는데요. 특히 당근과 함께 볶으면 당근의 영양 성분까지 함께 섭취할 수 있어 맛과 건강을 한 번에 챙길 수 있습니다.

+ Ingredients

양파 당근볶음

양파中 1개
당근 1/2개

올리브유 2T
다진 마늘 1T
소금 약간

+ Cook's tip

• 당근에 풍부하게 들어있는 베타카로틴과 비타민A는 지용성 비타민으로 기름에 볶아서 섭취하면 흡수율을 높일 수 있습니다.
• 다진 마늘을 볶을 때는 마늘이 타지 않도록 주의합니다.

1. 재료를 준비합니다.

2. 양파는 0.3cm 두께로 채 썰고, 당근도 양파와 비슷한 길이로 채 썰어줍니다.

3. 팬에 올리브유를 두르고 다진 마늘과 채 썬 당
   근을 넣어 약한 불에서 볶다가, 당근의 숨이 죽
   으면 양파를 넣고 볶습니다. 양파가 투명해질
   때 소금으로 간을 맞추면 완성입니다.

양파 비엔나소시지볶음

아이들 반찬은 물론 어른들의 술안주로도 제격인 양파 비엔나소시
지볶음입니다. 취향에 따라 다양한 채소를 추가해도 좋고, 지금처
럼 간단하게 양파만 넣어 만들어도 맛있어요. 간단하면서도 맛은
보장되는 반찬을 직접 만들어보세요.

+ Ingredients ─────────────────────────

양파 비엔나소시지볶음
비엔나소시지 11개(200g)
양파中 1개
마늘 4알
대파 조금
식용유 1T

양념
토마토케첩 4T
굴소스 1T
올리고당 1T
간장 1t

+ Cook's tip ─────────────────────────

• 비엔나소시지는 요리하기 전에 뜨거운 물에 살짝 데치면 기름기가 빠져 담백해집니다.

• 재료를 볶을 때는 양념이 타지 않도록 주의하며 재빠르게 볶는 것이 중요합니다.

1. 재료를 준비합니다.

2. 비엔나소시지를 끓는 물에 20초 정도 데친 다음 벌집 모양으로 칼집을 넣습니다.

3. 양파는 한 입 크기로 깍둑썰기 하고, 마늘은 편썰기, 대파는 어슷썰기 해 준비합니다.

4. 작은 볼에 분량의 양념 재료를 모두 넣고 섞습
니다.

5. 달군 팬에 식용유를 두르고 마늘과 비엔나소시지를 넣은 다음 약한 불에서 볶다
가, 마늘 향이 솔솔 올라오면 양파와 대파를 넣고 중간 불에서 볶습니다.

6. 양파가 살짝 투명해질 정도로 익었
을 때 미리 섞어둔 양념을 넣고 재
빠르게 볶으면 완성입니다.

돼지고기 양파조림

양파를 넣어 더욱 감칠맛 나는 돼지고기 양파조림입니다. 푹 졸여 부드러운 돼지고기의 식감과 양파의 달콤함이 느껴지는 국물의 조화가 아주 일품인데요. 밥 한 공기는 뚝딱 비울 수 있는 반찬이랍니다.

+ Ingredients

돼지고기 양파조림
돼지목살 500g
양파中 2개
표고버섯 2개
대파 적당히
식용유 1큰술

다시마육수
물 500ml
다시마(4×5cm) 4장

조림장
다시마육수 500ml
설탕 2T
간장 6T
미림 1T

+ Cook's tip

• 조림장을 끓일 때, 중간 중간 올라오는 거품은 걷어냅니다.

• 돼지목살이 아닌 다른 부위를 사용해서 만들어도 좋고, 소고기나 닭고기를 사용해 만들어도 아주 맛있습니다.

• 다시마육수는 찬물에 다시마를 넣어 30분 이상 우려서 만들어도 됩니다.

1. 재료를 준비합니다.

2. 돼지목살은 먹기 좋은 크기로 자르고 양파는 4등분으로 썰어둡니다. 표고버섯은 밑동을 제거하고 적당한 크기로 썰어 준비합니다.

3. 냄비에 물을 붓고, 다시마를 넣은 다음 센 불에서 끓입니다. 물이 끓기 시작하면 다시마를 건져내 다시마 육수를 만듭니다.

4. 중간 불로 달군 냄비에 식용유를 두르고 돼지목살을 볶습니다. 고기가 익어 기름이 돌기 시작하면 표고버섯을 넣고 살짝 볶습니다.

5. 그릇에 분량의 조림장 재료를 모두 넣어 섞은 다음 냄비에 붓고 센 불에서 끓이다가, 조림장이 끓기 시작하면 중약 불로 줄이고 뚜껑을 덮어 10분간 익힙니다. 이때 중간 중간 올라오는 거품은 제거합니다.

6. 조림장이 반 정도로 줄어들면 양파를 넣고 25분간 약한 불로 졸입니다. 조림장이 자박해졌을 때 대파를 송송 썰어 올리면 완성입니다.

양파 참치 볶음

쉽고 간단하게 만들 수 있는 양파 참치볶음입니다. 재료가 간단해
냉장고 털이 음식으로 아주 좋은데요. 짭쪼름한 참치와 달콤한 양
파가 너무나도 잘 어울리는 데일리 반찬입니다.

+ Ingredients

양파 참치볶음

참치통조림 1캔(100g)

양파大 1개

대파 적당히

홍고추 1개

청고추 1개

식용유 1T

소금 약간

+ Cook's tip

• 참치는 오래 볶으면 수분이 날아가 푸석해지기 때문에 재빠르게 볶아야 합니다.

1. 재료를 준비합니다.

2. 참치통조림은 체에 밭쳐 기름을 제거합니다.

3. 양파는 0.5cm 두께로 채 썰고, 대파는 어슷썰기 합니다. 홍고추와 청고추는 송송 썰어서 준비
   합니다.

4. 팬에 식용유를 두르고 양파를 넣어 중간 불로 볶다가, 양파가 투명해지면 약한 불로 줄인 다음 기름을 뺀 참치를 넣고 볶습니다.

5. 마지막으로 대파와 고추를 넣고 볶다가 기호에 따라 소금으로 간을 맞추면 완성입니다.

닭가슴살 토마토 양파냉채

닭가슴살과 양파의 만남! 다양한 색상의 재료들이 시선을 사로잡고, 톡 쏘는 냉채소스가 입맛을 사로잡는 요리입니다. 식욕을 돋우는 애피타이저로도, 집들이 초대 음식으로도 아주 좋은 메뉴 중 하나랍니다.

+ Ingredients ———————————————————————

닭가슴살 토마토 양파냉채
닭가슴살 100g
양파中 1개
토마토中 2개
깻잎 2장

닭가슴살 삶기
우유 적당히
월계수잎 1장

양파中 1/4개
마늘 4알
대파 흰 부분 적당히

냉채소스
물 2T
식초 1T
설탕 1T
연겨자 1t
간장 1t
다진 마늘 1t

+ Cook's tip ———————————————————————

• 닭가슴살은 삶기 전에 찬물로 깨끗이 씻고 우유에 담가두면 닭 특유의 비린내를 없앨 수 있습니다.

• 뜨거운 물보다 찬물에 닭가슴살을 넣고 삶으면 육질이 더욱 부드러워집니다.

1. 재료를 준비합니다.

2. 닭가슴살을 찬물로 깨끗하게 씻은 다음, 닭가슴살이 잠길 정도로 우유를 붓고 월계수잎을 넣습니다. 그 상태로 20분 동안 담가 닭 비린내를 제거합니다.

3. 20분 뒤 닭가슴살을 꺼내 찬물에 씻은 다음 양파와 마늘, 대파를 넣고 센 불에서 삶습니다. 물이 끓기 시작하면 5분간 더 삶고 불을 끕니다.

4. 삶은 닭가슴살은 먹기 좋은 크기로 찢어 준비합니다.

5. 양파는 얇게 자른 뒤 하나씩 떼어내 링으로 만듭니다. 양파 링은 찬물에 30분 이상 담가 아린 맛을 제거합니다.

6. 토마토는 꼭지를 제거해 얇게 슬라이스하고, 깻잎은 채 썰어 준비합니다.

7. 작은 볼에 분량의 냉채소스 재료를 모두 넣고 섞습니다.

8. 접시에 토마토-양파-토마토-양파 순으로 담고, 닭가슴살과 깻잎을 얹은 다음 냉채소스를 뿌리면 완성입니다.

양파 오이 냉국

입맛 없을 때, 혹은 더운 여름날에 생각나는 양파 오이냉국입니
다. 양파와 오이의 아삭아삭한 식감이 시원함을 더해주는데요. 얼
음을 동동 띄워 차갑게 드시면 더욱 맛있답니다.

+ Ingredients

양파 오이냉국
양파小 1개
오이 1개
청고추 1개
홍고추 1개
대파 적당히
소금 약간

다시마육수
물 600ml
다시마(4×4cm) 3장

양념
조선간장 1t
깨 1t
다진 마늘 1t

+ Cook's tip

• 오이를 미리 양념에 무쳐 놓고, 나중에 양파와 냉국물을 부으면 더욱 감칠맛이 느껴지는 양파 오이냉국을
  만들 수 있습니다.

• 기호에 따라 매콤한 맛을 원한다면 고춧가루를, 새콤한 맛을 원한다면 식초를 추가해도 좋습니다.

1. 재료를 준비합니다.

2. 양파는 가늘게 채 썬 다음 찬물에 10분 정도 담가 아린 맛을 제거합니다.

3. 오이는 채 썰고, 청고추와 홍고추
는 송송 썰어 준비합니다. 대파는
얇게 어슷썰기 합니다.

4. 물에 다시마를 넣고, 15분 정도 우려 다시마육수를 만듭니다.

5. 볼에 채 썬 오이와 대파를 넣고 분량의 양념 재료를 모두 넣어 골고루 버무립니다.

6. 양파와 청고추, 홍고추를 넣은 다음 다시마육수를 붓고 소금으로 간을 맞추면 완성입니다.

샬롯 방울토마토조림

미니 양파라고 불리는 샬롯을 방울토마토와 함께 조림으로 만들면 먹기도 편할뿐더러 맛의 조화도 뛰어나 훌륭한 반찬이 됩니다. 동글동글 귀여운 모양의 샬롯은 양파보다 강한 단맛을 가지고 있기 때문에 양파를 잘 안 먹는 아이들도 맛있게 먹을 수 있어요.

+ Ingredients

샬롯 방울토마토조림

샬롯 200g
방울토마토 8개(90g)
마늘 5알
올리브유 1t

소스

물 200ml
토마토퓌레 3T
바질 2g
오레가노 0.1g
올리고당 1t
화이트와인 1T
소금 한 꼬집

+ Cook's tip

• 샬롯과 방울토마토, 마늘은 항암 효과가 있는 식재료로 건강하게 즐길 수 있습니다.

• 화이트와인은 재료들의 비린 맛을 잡아주는 역할을 합니다. 만약 화이트와인이 없다면 청주나 미림, 소주 등으로 대체 가능합니다.

• 기호에 따라 소금으로 간을 더해도 좋습니다.

1. 재료를 준비합니다.

2. 방울토마토는 꼭지를 떼고 깨끗하게 씻어 십자(十) 모양으로 칼
   집을 냅니다. 그다음 끓는 물에 30초 정도 살짝 데친 후, 찬물
   에 식히고 껍질을 벗겨 준비합니다.

3. 마늘은 편으로 썰어둡니다.

4. 팬에 올리브유를 두르고 약한 불에서 마늘을 볶습니다. 마늘 향이 솔솔 올라올 때쯤 샬롯을 넣고 2분간 볶습니다.

5. 분량의 소스 재료를 모두 넣고 뚜껑을 덮어 졸이다가 어느 정도 소스가 줄어들었을 때, 데친 방울토마토를 넣어 살짝 볶으면 완성입니다.

양파 두부조림

양파의 달달함과 짭쪼름하고 매콤한 양념이 일품인 양파 두부조림
입니다. 특별한 재료 없이 양파 하나만 있어도 감칠맛 나는 반찬
이 되더라고요. 매운맛을 좋아한다면 청양고추를 송송 썰어 넣어
도 아주 맛있답니다.

+ Ingredients ────────────────────────────

양파 두부조림
양파中 1개
두부 1모

다시마육수
물 400ml
다시마(5×5cm) 2장

양념
다진 파 1T
다진 마늘 1T
고춧가루 2T
설탕 1t
깨소금 1t
진간장 2T
들기름 1T
소금 1t
다시마육수 400ml

+ Cook's tip ────────────────────────────

• 취향에 따라 청양고추를 추가해도 좋습니다.
• 부족한 간은 소금으로 조절합니다.

1. 재료를 준비합니다.

2. 양파는 0.5cm 두께로 채 썰고, 두부는 이등분하여 1cm 두께로 썰어줍니다.

3. 물에 다시마를 넣고 15분 동안 우려
   다시마육수를 만듭니다.

4. 작은 볼에 분량의 양념 재료를 모두 넣고
   골고루 섞어줍니다.

5. 냄비에 양파, 두부, 양념을 순서대로 넣고 뚜껑을 덮은 상태에서 센 불로 졸입니다. 양념
   이 끓기 시작하면 중약 불로 줄여 25분간 더 졸이면 완성입니다.

양파말랭이무침

양파말랭이를 매콤한 고추장 양념에 맛있게 무쳤습니다. 양파말랭이는 물에 살짝 불리면 쫀득한 식감이 살아나 씹는 재미가 아주 쏠쏠한데요. 한 번 만들어 두면 한동안은 반찬 걱정 없는 우리집 효자 반찬이랍니다.

+ Ingredients

양파말랭이무침
양파말랭이 한 줌(50g)

양념
고추장 1T
간장 1t
매실청 1t
다진 마늘 1t
식초 1/2t
참기름 1/2t
다진 파 1T
깨 적당히

+ Cook's tip

- 양파말랭이 만드는 방법은 22p를 참고합니다.
- 양파말랭이는 살짝 물에 헹궈서 불순물을 제거한 다음 불려줍니다.
- 양파말랭이를 불릴 때는 물에 오래 담가두면 쫀득한 식감이 사라지므로 30분 정도가 적당합니다.

1. 재료를 준비합니다.

2. 양파말랭이를 볼에 넣고 물을 부은 다음 30분 정도 불립니다.

3. 불린 양파말랭이를 꽉 짜서 수분을 제거하고 분량의 양념 재료를 모두 넣어 골고루
   무치면 완성입니다.

양파 떡갈비

양파의 달콤함과 갈비의 쫄깃하고 고소한 맛이 일품인 양파떡갈비입니다. 양파링 안에 갈비를 채워 넣은 깔끔한 모양이 손님 초대 요리로도 손색이 없는데요. 단짠의 간장양념으로 입맛을 사로잡아 남녀노소 누구나 좋아할 메뉴랍니다.

+ Ingredients

양파떡갈비
소갈비 1kg
양파大 1개
밀가루 3T
식용유 1T

간장양념
잣가루 2T
다진 마늘 1T
간장 3T
생강가루 조금
후추 조금
소금 1/4t
깨 1/2t
참기름 1T

다진 파 1T
찹쌀가루 3T
설탕 1T
미림1T

+ Cook's tip

- 갈빗살 대신 다진 소고기를 사용해도 좋습니다.
- 떡갈비를 구울 때 양파와 갈빗살이 떨어지지 않도록 약한 불에서 천천히 굽습니다.
- 석쇠에 구우면 더욱 깊은 풍미를 느낄 수 있습니다.

1. 재료를 준비합니다.

2. 볼에 소갈비를 넣고 갈비가 잠기도록
   물을 부은 다음, 하루 정도 담가 핏물
   을 **빼줍니다**.

3. 소갈비의 **뼈**와 질긴 힘줄, 기름기를 제거하고 살만 발라내 곱게 다집니다.

4. 작은 볼에 분량의 간장양념 재료를 모두 넣고 섞은 다음, 곱게 다진 갈빗살에 넣어 치댑니다. 이때 간장양념은 1T 정도 남겨 둡니다.

5. 양파를 1cm 두께로 자른 다음 링으로 분리합니다. 그 위에 밀가루를 체에 내려 밀가루옷을 입힙니다.

6. 양파링에 양념한 갈빗살을 넣어 모양을 만듭니다.

7. 뜨겁게 달군 팬에 식용유를 두르고 양파 떡갈비를 올립니다. 중간 중간 4번에서 남겨둔 간장양념을 발라 약한 불에서 앞 뒤로 골고루 익히면 완성입니다.

PART 3.

양파로 만드는
간식 &
브런치

길거리토스트

누구나 한 번쯤 지하철이나 버스 정류장 앞에서 갓 만든 토스트를 먹은 경험이 있으실 텐데요. 몇 가지 간단한 재료를 이용해 아이들 간식이나 브런치로 즐길 수 있는 메뉴랍니다. 취향에 따라 냉장고 속 다양한 재료를 넣어도 좋아요.

+ Ingredients ────────────────────────────

길거리토스트

양파小 1개
양배추 1/16통(90g)
당근 1/4개
달걀 2개
소금 한 꼬집
식용유 1T

식빵 6장
버터 1T
토마토케첩 약간

+ Cook's tip ────────────────────────────

• 채소달걀물을 부칠 때는 달걀물을 조금씩 넣어가면서 네모난 모양으로 부치는 게 좋습니다.

• 기호에 따라 딸기잼, 머스터드소스, 설탕 등을 추가해도 좋습니다.

1. 재료를 준비합니다.

2. 양파와 양배추, 당근을 채 썰어 준비합니다.

3. 볼에 채 썬 채소를 모두 담은 다음 달걀과 소금을 넣고 골고루 섞어 채소 달걀물을 만듭니다.

4. 달군 팬에 식용유를 두르고, 채소달걀물을 적당히 넣어 중약 불에서 부칩니다.

5. 식빵은 버터를 두른 그릴 팬에 앞뒤로 노릇노릇하게 굽습니다.

6. 구운 식빵에 채소달 걀부침을 얹고 토마 토케첩을 뿌린 다음 다른 식빵으로 덮으 면 완성입니다.

양파핫도그

아이들 간식으로도 좋고, 든든한 한 끼 식사로도 손색없는 양파 핫도그입니다. 저는 간단하게 만들었는데 취향에 따라 다양한 채소를 추가해 만들어도 좋아요. 버터에 볶아낸 양파가 핫도그의 풍미를 높여주기 때문에 별다른 소스 없이도 아주 맛있답니다.

+ Ingredients

양파핫도그

양파中 1개
핫도그 소시지 2개
핫도그 번 2개
청상추 4장
마요네즈 2T

버터 1T
식용유 조금
머스터드소스 or 토마토케첩

+ Cook's tip

- 핫도그 번은 사용하기 전까지 전기밥솥(보온 기능)에 넣어두면, 촉촉하고 부드러운 식감의 핫도그를 맛볼 수 있습니다.
- 핫도그 번 안쪽에 마요네즈를 바르면 속재료의 수분이 빵에 스며들어 눅눅해지는 것을 방지할 수 있습니다.
- 취향에 따라 다진 피클이나 할라페뇨 등을 추가해도 좋습니다.
- 양파를 조금 덜 볶아 아삭한 식감을 살리면 또 다른 느낌의 핫도그가 완성됩니다.

1. 재료를 준비합니다.

2. 양파는 채 썬 다음 버터를 두른 팬에서 약한 불로 볶습니다. 양파가 투명
   해지고 숨이 죽을 때까지 볶으면 됩니다.

3. 소시지는 벌집 모양으로 칼집을 넣은 다음 식용유를 두른 팬에 굴려가며
   노릇노릇하게 굽습니다.

4. 핫도그 번 안쪽에 마요네즈를 바르고 청상추, 볶은 양파, 소시지를 순서대로
   얹습니다. 마지막으로 머스터드소스나 토마토케첩을 뿌리면 완성입니다.

자색양파 비프 샐러드

알록달록한 색감에 눈길이 먼저 가는 비프샐러드입니다. 자색양
파의 색감이 샐러드의 화려함을 더해주는데요. 컬러 푸드로 각광
받고 있는 자색양파는 각종 과일과도 잘 어울려 맛과 멋을 겸비한
식재료라고 할 수 있습니다.

+ Ingredients

자색양파 비프샐러드
자색양파中 1개
방울토마토 12개(150g)
비프 100g
양상추 150g

드레싱
사과식초 2T
사과주스 3t
해바라기씨유 2T
참기름 1T
소금 한 꼬집
후추 조금

+ Cook's tip

- 자색양파는 아삭하고 단맛이 많아 샐러드 재료로 잘 어울립니다.
- 비프는 닭가슴살로 대체해도 좋습니다.
- 기호에 따라 다양한 샐러드 재료를 추가하여 만들 수 있습니다.

1. 재료를 준비합니다.

2. 자색양파를 8등분한 다음 먹기 좋게 낱개로 떼어내고, 찬물에 30분 이상 담가 아린 맛을 제거합니다.

3. 방울토마토는 꼭지를 제거하고, 반으로 잘라 준비합니다.

4. 작은 볼에 분량의 드레싱 재료를 모두 넣고
   섞어 드레싱을 만듭니다.

5. 볼에 양파를 넣고 양상추는 먹기 좋은 크기로 찢어 넣습니다. 그 위에
   방울토마토와 비프를 넣습니다.

6. 미리 섞어 둔 드레싱을 뿌리고 골고루 버무리면 완성입니다.

양파 꽃튀김(블루밍어니언)

활짝 핀 꽃 모양으로 눈길을 사로잡는 양파꽃튀김(블루밍어니언)
입니다. 토마토케첩이나 어니언소스에 콕 찍어 먹으면, 아이들 간
식으로도 제격! 맥주 안주로도 손색없습니다. 비주얼 끝판왕 레시
피답게 손님 초대상이나 특별한 날 만들면 아주 좋아요.

+ Ingredients

양파꽃튀김

양파大 1개
치킨파우더 1컵
우유 30ml
달걀 2개
빵가루 1컵
파슬리 1t
오일 2T

+ Cook's tip

- 양파는 크기가 클수록 좋습니다.
- 양파에 칼집을 낼 때, 양파의 앞뒤에 나무젓가락을 두면 일정한 깊이로 칼집을 낼 수 있습니다.
- 에어프라이어는 제품마다 사양이 다르니 온도와 시간은 제품에 따라 가감합니다.
- 어니언소스를 곁들일 경우 210p를 참고해 만들면 됩니다.

1. 재료를 준비합니다.

2. 양파의 위쪽을 평평하게 자른 다음, 나무젓가락 등의 도구를 이용해 양파 끝을 0.5cm 정도 남겨두고 16등분으로 칼집을 냅니다.

3. 칼집 낸 양파를 찬물에 30분 정도 담가 아린 맛을 제거하고, 동시에 양파 꽃이 피게 합니다.

4. 키친타월을 이용해 양파 사이사이의 물기를 닦아 냅니다.

5. 치킨파우더를 양파 사이사이에 골고루 뿌리고, 우유와 달걀을 넣고 섞은 달걀물에 담가 옷을 입힙니다. 치킨파우더와 달걀옷 입히는 과정을 3회 반복합니다.

6. 빵가루에 파슬리와 오일을 넣고 섞은 다음, 달걀
   옷을 입은 양파에 골고루 묻힙니다.

7. 튀김옷까지 입은 양파를 에어프라이어에 넣고, 180℃에서 10분간 조리하면
   완성입니다.

떠먹는 양파 피자

밀가루대신 양파로 도우를 만들어 수저로 편하게 떠먹는 양파피자
입니다. 도우가 된 양파와 토핑 재료가 잘 어울려 부담 없이 먹을
수 있는데요. 오븐에 구우면 더욱 좋지만 오븐이 없다면 전자레인
지로도 충분히 만들 수 있습니다.

+ Ingredients

떠먹는 양파피자
양파大 1개
모차렐라치즈 170g
바질잎 3g
미니 페페로니 18개(30g)
블랙올리브 3개(9g)

오일 1T
시판용 토마토스파게티 소스 3T

+ Cook's tip

- 오븐이 없다면 전자레인지에 4분 정도 돌려 치즈를 녹이면 됩니다.
- 빵을 곁들여먹거나, 기호에 따라 다양한 토핑을 얹어 구워도 맛있습니다.

1. 재료를 준비합니다.

2. 양파는 채 썰고, 블랙올리브는 적당한 크기로 썰어 준비합니다.

3. 팬에 오일을 두르고 채 썬 양파를 넣어 중약 불로 볶다가, 양파가 투명해지면 약한 불로 줄이고 토마토스파게티 소스를 넣어 살짝 볶습니다.

4. 오븐 그릇에 볶은 양파를 담고, 모차렐라치즈를 듬뿍 얹습니다.

5. 치즈 위에 바질잎과 미니 페페로니, 블랙올리브를 얹은 다음, 180℃로 예열한 오븐에서
   10분간 구우면 완성입니다.

양파 닭가슴살 토르티야

든든한 한 끼 식사, 혹은 간식으로 좋은 양파 닭가슴살 토르티야 입니다. 양파와 닭가슴살이 아주 잘 어울리는데요. 취향에 따라 다양한 재료를 넣고 돌돌 말면 완성! 다이어트 도시락으로도 딱이랍니다.

+ Ingredients ─────────────────────

양파 닭가슴살 토르티야
양파中 1개
양상추 4장(120g)
토마토小 2개
토르티야(지름 20cm) 4장
노랑 파프리카小 1개
빨강 파프리카小 1개
머스터드소스

닭가슴살 삶기
닭가슴살 250g
우유 적당히
월계수잎 2장

물 1L
월계수잎 2장
대파 흰 부분 2대
통후추 조금
청주 1T
양파小 1/2개

+ Cook's tip ─────────────────────

• 닭가슴살 외에 훈제오리나 베이컨, 햄 등을 활용해도 좋습니다.

• 토르티야에 칠리소스를 바르고 재료들을 올려도 맛있습니다.

1. 재료를 준비합니다.

2. 용기에 찬물로 깨끗이 씻은 닭가슴살을 넣고, 닭가슴살이 잠길 정도로 우유를 붓습니다. 그 위에 월계수잎을 넣고 20분 이상 담가 비린내를 제거합니다.

3. 파프리카는 씨를 제거한 후 일정한 두께로 채 썰고, 토마토는 꼭지를 제거하고 적당한 두께로 썰어 준비합니다.

4. 양파는 채 썬 다음 찬물에 30분 이상 담가 아린 맛을 제거합니다.

5. 2번에서 비린내를 제거한 닭가슴살은 찬물에 깨끗이 씻고 물, 월계수잎, 대파 흰 부분, 통후추, 청주, 양파와 함께 센 불에서 20분간 삶은 다음 먹기 좋은 크기로 찢어둡니다.

6. 마른 팬에 토르티야를 올려 앞뒤로 살짝 굽습니다.

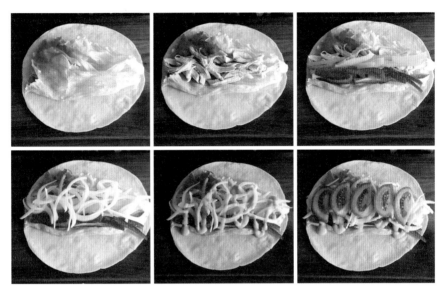

7. 구운 토르티야에 양상추 – 닭가슴살 – 파프리카 – 양파 – 머스터드소스 – 토마토 순으로 올립니다.

8. 재료가 빠지지 않도록 토르티야를 돌돌 말면 완성입니다.

양파빵

식빵믹스로 간단하게 만드는 양파빵입니다. 아이들이 좋아하는 소시지가 들어가서 간식 대용으로도 좋고, 간단한 아침 식사로도 즐길 수 있어요. 양파를 볶아서 매운맛을 없애고, 오븐에 다시 구워 달달한 맛이 가득하답니다.

+ Ingredients

양파빵

따뜻한 물 210㎖	양파大 2개	모차렐라치즈 150g
이스트 1봉(4g)	소시지 17개(78g)	토마토케첩
식빵믹스 1봉(376g)	식용유 1T	마요네즈
	소금 한 꼬집	파슬리가루
	후추 조금	

+ Cook's tip

- 식빵믹스는 어느 제품을 사용하든 상관없으며, 시판용 식빵믹스에는 이스트가 동봉되어 있으니 따로 구매하지 않아도 됩니다.

- 제빵기가 있으면 훨씬 편하게 반죽할 수 있습니다.

- 좀 더 부드러운 빵을 만들고 싶다면 반죽에 달걀 1개를 넣거나 올리브유 또는 식용유 1t을 추가로 넣어 반죽하면 됩니다.

1. 재료를 준비합니다.

2. 볼에 따뜻한 물과 이
   스트를 넣어 잘 섞은
   다음 식빵믹스를 넣
   고 반죽합니다.

3. 날가루가 없도록 반죽을
잘 치댄 다음 둥굴리기 합
니다. 볼에 반죽을 넣고 랩
을 씌워 따뜻한 곳에서 반
죽이 2배가 되도록 약 40
분간 1차 발효합니다.

4. 양파는 채 썰고 소시지는 적당한 크기로 잘라 준비합니다.

5. 식용유를 두른 팬에 양파와 소시지를 넣고 소금과 후추로 간을 맞춘 다음, 양파가 살짝 투명해질 때까지 볶습니다. 이때 양파는 토핑용으로 조금 덜어두고 볶습니다.

6. 1차 발효가 끝난 반죽을 손으로 눌러 가스를 빼고 다시 둥글리기한 다음, 실온에서 15분간 휴지시킵니다.

7. 휴지가 끝난 반죽을 넓은 네모 모양으로 펴고, 볶은 양파+소시지를 올립니다.

8. 양파+소시지가 빠지지 않도록 반죽을 돌돌 잘 말아준 다음 적당한 크기로 자릅니다.

9. 원형틀에 반죽을 넣고 랩으로 감싼 다음, 반죽이 약 1.5배가 되도록 실온에서 30분간 2차 발효합니다.

10. 발효가 끝나면 5번에서 미리 덜어둔 토핑용 양파를 얹고, 모차렐라치즈와 토마토케첩, 마요네즈, 파슬리가루를 뿌립니다. 그다음 180℃로 예열한 오븐에서 30분간 구우면 완성입니다.

양파그라탱

든든하면서도 건강하게 즐길 수 있는 양파그라탱입니다. 먹음직 스러운 비주얼만큼이나 맛도 일품이라 편식하는 아이들 간식으로 아주 좋답니다. 저는 감자를 넣어 만들었지만 고구마나 단호박을 넣어 만들면 또 다른 맛의 양파그라탱을 즐길 수 있어요.

+ Ingredients

양파그라탱

양파中 3개
감자小 3개(250g)
모차렐라치즈 30g
파슬리가루 조금

버터 1t
설탕 1t
소금 한 꼬집

+ Cook's tip

- 양파 속을 파낼 때는 작은 과도로 홈을 만들고, 티스푼을 이용하여 긁어내듯 파내면 됩니다.
- 감자는 뜨거울 때 으깨야 잘 으깨집니다.
- 부드러운 그라탱을 원한다면 으깬 감자에 마요네즈를 넣고 섞으면 됩니다.

1. 재료를 준비합니다.

2. 양파의 윗부분을 살짝 자르고 티스푼을
   이용해 양파 속을 파냅니다. 구웠을 때
   양파가 무너지지 않도록 1cm 정도 두께
   를 남기는 것이 좋습니다.

3. 감자는 껍질을 벗겨 적당한 크기로 썰고 전자레인지용 용기에 넣어 랩을 씌웁니다. 포크
   를 이용해 랩에 구멍을 뚫고 전자레인지에 8분간 돌려 익힙니다.

4. 익힌 감자는 뜨거울 때 으깬 다음 버터와 설탕, 소금을 넣고 골고루 섞습니다.

5. 잘 섞은 감자를 속을 파낸 양파에 채워 넣습니다. 그 위에 모차렐라치즈와 파슬리가루
   를 뿌리고 180℃로 예열한 오븐에서 15분간 구우면 완성입니다.

베이컨 양파링

홈파티에 잘 어울리는 베이컨 양파링입니다. 간단한 재료로 손쉽게 만들 수 있는데, 아이들은 콜라와, 어른들은 맥주와 함께 먹으면 아주 좋은 핑거푸드입니다. 취향에 따라 토마토케첩이나 어니언소스 등을 곁들이면 더욱 맛있답니다.

+ Ingredients

베이컨 양파링
양파中 1개
베이컨 320g
파슬리가루 약간

+ Cook's tip

- 베이컨이 너무 두꺼우면 양파에 감기 어려우니, 얇은 베이컨을 사용하는 것이 좋습니다.
- 양파의 크기와 감는 횟수에 따라 베이컨 양이 달라질 수 있습니다.
- 오븐 대신 에어프라이어나 프라이팬에서 앞뒤로 노릇하게 구워도 됩니다.
- 어니언소스를 곁들일 경우 210p를 참고해 만들면 됩니다.

1. 재료를 준비합니다.

2. 양파를 1cm 두께로 자른 다음 링으로 떼어내고 베이컨으로 돌돌 말아 감쌉니다.

3. 베이컨이 풀리지 않게 이쑤시개로 고정하고 파슬리가루를 뿌린 다음, 180℃로 예열한 오 븐에서 10분간 구우면 완성입니다.

양파 치즈 링

달콤한 양파 사이에 고소한 치즈를 끼워 넣어 맛도 모양도 훌륭한 양파 치즈링입니다. 그냥 먹어도 맛있지만 토마토케첩이나 머스터드소스에 찍어 먹으면 더욱 맛있는데요. 한입 깨물면 바사삭 부서지는 튀김 소리는 소리만 들어도 입맛을 돋운답니다.

+ Ingredients

양파 치즈링
양파中 2개
치즈 8장

튀김옷
밀가루 100g
달걀 3개
빵가루 100g
파슬리가루 1T

식용유 700ml

+ Cook's tip

- 기름에 빵가루를 떨어뜨렸을 때, 기포가 올라오면서 빵가루가 위로 떠오르면 튀기기 가장 좋은 온도입니다.
- 양파 치즈링을 너무 오래 튀기면 치즈가 녹아 나오니, 노릇한 황금색이 될 때까지만 튀깁니다.
- 양파 사이에 치즈뿐만 아니라 햄을 넣어 만들어도 좋습니다.

1. 재료를 준비합니다.

2. 양파를 1cm 두께로 자른 다음 하나씩 떼어내 링으로 만듭니다.

3. 치즈도 1cm 두께로 잘라 준비합니다.

4. 양파링 사이에 여유 공간이 생기도록 두 개씩 짝지은 다음 양파와 양파 사이에 치즈를 넣고, 냉동실에서 1시간 정도 굳힙니다.

5. 굳은 양파 치즈링에 밀가루 – 달걀 – 빵가루+파슬리가루 순으로 튀김옷을 입힙니다.

6. 160~170℃로 달군 식용유에 튀김옷을 입힌 양파 치즈링을 넣고 앞뒤로 노릇노릇하게 튀기면 완성입니다.

PART 4.

양파로 만드는

저장요리
& 소스

양파김치

아삭아삭한 식감이 너무 좋은 양파김치입니다. 입맛 없을 때 감칠맛 나는 양념 소에 버무린 양파김치 하나만 있으면 밥 한 공기 뚝딱! 집 나간 입맛도 금방 돌아온다니까요.

+ Ingredients

양파김치
양파小 5개
쪽파 4뿌리
당근 1/4개

절임물
물 600ml
소금 3T

찹쌀풀
물 100ml
찹쌀가루 1T

김치양념
고춧가루 4T
다진 마늘 2T
새우젓 3t
매실액 1T
찹쌀풀 2T

+ Cook's tip

- 양파를 절인 상태로 김치를 만들면 양파가 무르지 않습니다.
- 양파김치는 상온에서 1~2일 정도 숙성 후 냉장 보관하여 드시면 됩니다.
- 찹쌀풀은 뭉칠 수 있으니 계속 저으며 끓이고, 양념에 넣기 전 식혀서 사용합니다.

1. 재료를 준비합니다.

2. 양파를 4등분으로 자르고, 물과 소금을 섞
   어 만든 절임물에 넣어 30분간 절입니다.

3. 쪽파는 4cm 길이로 썰고, 당근은 채 썰어 준비합니다.

4. 냄비에 찹쌀풀 재료를 모두 넣고 끓입니다. 물이 끓기 시작하면 약한 불로 줄이고, 3분 간 계속 저으면서 끓여 되직한 찹쌀풀을 만든 뒤 식혀둡니다.

5. 볼에 분량의 양념 재료를 모두 넣고 골고루 섞어 김치양념을 만듭니다.

6. 절인 양파에 김치양념을 넣고 섞다가, 쪽파와 당근을 넣어 골고루 버무리면 완성입니다.

양파장아찌

하루 만에 뚝딱 만들 수 있는 양파장아찌입니다. 고기 요리와 함께 먹으면 너무나도 잘 어울리고, 고지혈증과 동맥경화를 예방하는 효능까지 있어 음식 궁합이 아주 좋답니다. 짭조름한 절임간장은 다른 장아찌를 만들 때도 활용할 수 있으니 참고하세요.

+ Ingredients

양파장아찌
양파小 6개
청고추 1개
홍고추 1개

절임간장
물 200ml
간장 160ml
식초 130ml
설탕 80g
다시마(5×5cm) 4장

+ Cook's tip

• 절임간장이 뜨거운 상태일 때 부어야 양파의 아삭한 식감을 살릴 수 있습니다.
• 절임간장이 완전히 식으면 밀봉한 다음 냉장고에서 하루 이상 숙성 후 드시면 됩니다.

1. 재료를 준비합니다.

2. 양파의 끝을 0.5cm 정도 남겨두고 8등분으로 칼집을 냅니다. 양파에 칼집을 낼 때 나무젓가락 등을 이용하면 일정한 깊이로 쉽게 칼집을 낼 수 있습니다.

3. 청고추와 홍고추는 송송 썰어 준비합니다.

4. 냄비에 분량의 절임간장 재료를 모두 넣고 센 불에서 끓입니다. 물이 끓기 시작하면 다시마는 건져내고, 설탕이 녹을 때까지 팔팔 끓입니다.

5. 양파와 고추를 용기에 넣고 뜨거운 상태의 절임간장을 부은 뒤, 절임간장이
   식으면 냉장고에서 하루 정도 숙성시키면 완성입니다.

양
파
피
클

양파의 매운맛은 사라지고 새콤달콤한 맛만 남아 어떤 음식과도 잘 어울리는 양파피클입니다. 특히 고기 요리와 함께 먹으면 느끼함을 잡아줘 맛있게 먹을 수 있는데요. 비트를 넣어 보기에도 예쁜 색으로 물든 피클을 만들었어요.

+ Ingredients

양파피클
양파中 3개
비트 40g

절임식초
물 350ml
식초 300ml
설탕 225g
피클링스파이스 5g
월계수잎 2장
소금 1/2t

+ Cook's tip

- 절임식초가 뜨거운 상태일 때 부어야 양파의 아삭한 식감을 살릴 수 있습니다.
- 절임식초가 완전히 식으면 밀봉한 다음 냉장고에서 2~3일간 숙성 후 드시면 됩니다.
- 기호에 따라 오이, 배추, 파프리카 등을 함께 넣어 만들어도 좋습니다.
- 저장용기를 열탕 소독하는 방법은 양파청(p.24)을 참고합니다.

1. 재료를 준비합니다.

2. 양파와 비트는 먹기 좋은 크기로 자릅니다.

3. 냄비에 절임식초 재료를 모두 넣고 센 불에서 설탕이 녹을 때까지 팔팔 끓입니다.

4. 양파와 비트를 열탕 소독한 저장용기에 담고 뜨거운 상태의 절임식초를 붓습니다. 뚜껑을 연 상태에서 절임식초를 완전히 식힌 다음 밀봉 후 냉장고에서 2~3일 숙성시키면 완성입니다.

양
파
잼

💭 500g   ⏱ 70분

쫀득쫀득한 양파의 식감과 달달한 맛이 어느 빵과도 잘 어울리는 양파잼입니다. 양파잼은 빵뿐만 아니라 요리에도 활용할 수 있는데요. 돼지고기와 잘 어울리기 때문에 돼지고기 찜이나 조림 등에 설탕 대신 사용하면 고기 특유의 누린내 제거에 도움이 됩니다.

+ Ingredients

양파잼

양파中 3개(600g)
설탕 400g
계피가루 1/4t
레몬즙 1t

+ Cook's tip

- 양파잼은 냉장 보관하면 한 달까지 섭취가 가능합니다.
- 양파의 수분에 따라 조리 시간이 달라질 수 있으며, 양파의 물기가 없어질 때까지 졸이는 것이 중요합니다.
- 건더기가 없는 잼을 원한다면 양파를 강판이나 블랜더에 갈아서 만들면 됩니다.
- 저장용기를 열탕 소독하는 방법은 양파청(p.24)을 참고합니다.

1. 재료를 준비합니다.

2. 양파를 잘게 다집니다.

3. 냄비에 다진 양파를 넣고 설탕을 부어 골고루 버무린 다음 30분 정도 재웁니다.

4. 재운 양파+설탕을 중간 불에 올려 저으면서 졸입니다. 설탕이 녹고 양파가 투명해지면 약한
   불로 줄여 30분 정도 더 졸입니다.

5. 양파에 물기가 없어질 때까지 졸이다가 계
   피가루와 레몬즙을 넣고 5분간 더 졸여 열
   탕 소독한 저장용기에 넣으면 완성입니다.

양파과카몰리

으깬 아보카도에 다진 양파와 토마토를 넣어 만든 양파과카몰리입
니다. 토르티야나 빵에 올려 먹거나, 샐러드 소스로 활용해도 아
주 맛있는데요. 조금 더 부드럽게 즐기고 싶다면 요거트를 추가해
보세요. 또 다른 과카몰리를 맛볼 수 있답니다.

+ Ingredients

양파과카몰리
아보카도中 2개
양파中 1개
방울토마토 10개
라임 1/2개
소금 조금
후추 조금

+ Cook's tip

• 아보카도는 껍질의 색이 약간 검게 변하고 손으로 쥐었을 때 탄력이 느껴지는 것을 고릅니다. 만약 아보카
도가 익지 않아 녹색을 띤다면 호일로 감싸 상온에 두고 익힙니다.

• 아보카도의 식감을 살리려면 살짝만 으깹니다.

1. 재료를 준비합니다.

2. 아보카도는 가운데의 씨를 중심으로 칼집을 낸 다음 반으로 잘라 씨와 과육을 분리합니다.

3. 양파는 잘게 다지고 찬물에 10분 정도 담가 아린 맛을 제거합니다.

4. 방울토마토도 잘게 다집
니다.

5. 볼에 아보카도를 넣고 으깬 다음 다진 양파와 방울토마토를 넣습니다.
소금과 후추로 간을 맞춘 후 라임을 짜서 넣고 섞으면 완성입니다.

양파초절임

양파와 식초, 설탕만 있으면 쉽게 만들 수 있는 양파초절임입니다.
쌀국수에서 절대 빠질 수 없는 반찬 중 하나죠. 고기와 함께 곁들
여 먹어도 맛있고, 간단한 밑반찬으로도 손색없는 요리랍니다.

+ Ingredients ────────────────────────────

양파초절임
양파中 1개
식초 2T
설탕 2T

+ Cook's tip ────────────────────────────

• 양파를 채 썰어 절이면 시간도 절약할 수 있고 고기와 함께 먹기도 편합니다.

• 새콤한 맛을 줄이고 싶다면 물을 2T 정도 추가하면 됩니다.

• 양파가 잘 절여질 수 있도록 중간에 한 번씩 뒤집어주는 것이 좋습니다.

1. 재료를 준비합니다.

2. 양파를 링 모양으로 최대한 얇게 썬 다음 용기에 담아 30분간 공기 중에 노출시켜 아린 맛을 날립니다.

3. 식초와 설탕을 잘 섞은 다음 양파 위에 부어 1시간 이상 절이면 완성입니다.

어니언소스

정말 쉽고 간단하게 만들 수 있는 매력만점 어니언소스! 치킨뿐만
아니라 각종 튀김요리와도 잘 어울리고, 샐러드에 뿌려 먹어도 아
주 맛있답니다. 완성한 다음 파슬리가루를 살짝 뿌리면 색감은 물
론 향이 더욱 좋아져 훌륭한 소스가 됩니다.

+ Ingredients ─────────────────────────────

어니언소스
양파小 1/2개
마요네즈 4T
요거트 1T
꿀 1T
후추 한 꼬집
소금 한 꼬집

+ Cook's tip ─────────────────────────────

- 완성된 어니언소스는 하루 정도 냉장 보관하여 매운맛을 날려주는 것이 좋습니다.
- 취향에 따라 피클을 다져 넣어도 맛있습니다.

1. 재료를 준비합니다.

2. 양파를 강판에 곱게 갑니다.

3. 간 양파에 남은 재료를 모두 넣고 골고루 섞어 냉장고에서 하루 정도 숙성시키면 완성입니다.

타르타르소스

생선가스나 새우튀김과 잘 어울리는 타르타르소스입니다. 양파와
피클이 느끼함을 잡아주어 더욱 맛있게 튀김요리를 먹을 수 있는
데요. 취향에 따라 할라페뇨나 청양고추를 다져 넣어 매콤함을 더
해도 맛있답니다. 튀김요리 외에 연어 스테이크나 샐러드와도 아
주 잘 어울려요.

+ Ingredients

타르타르소스
양파小 1/2개
피클 3조각
삶은 달걀 1개

마요네즈 4T
레몬즙 1T
파슬리가루 조금
후추 조금
소금 한 꼬집

+ Cook's tip

• 꿀이나 올리고당을 추가하여 달콤함을 더해도 좋습니다.

• 소스의 농도가 너무 되직하다면 레몬즙이나 피클주스를 넣어 묽게 맞춥니다.

• 만약 타르타르소스를 오래 보관해야 할 경우 달걀을 제외한 다른 재료만 섞어 만들어 두었다가 먹기 직전
에 삶은 달걀을 다져 넣도록 합니다.

1. 재료를 준비합니다.

2. 양파는 잘게 다진 뒤 찬물에 10분 정도 담가 아린 맛을 제거하고, 피클도 잘게 다
져둡니다.

3. 삶은 달걀은 껍데기를 벗기고 흰자와 노른자로 분리한 다음, 흰자는 잘게 다지고 노른자는
체에 곱게 내립니다.

4. 볼에 준비한 양파와 피클, 달걀을 넣고 나머지 재료를 모두 넣은 다음 골고루 섞으면 완성입
니다.

양파 살사소스

토마토와 양파가 얼마나 잘 어울리는지 확인할 수 있는 양파 살사소스입니다. 몇 가지 재료만 있으면 아주 간단하게 만들 수 있는데요. 취향에 따라 나초나 토르티야를 곁들이면 더욱 맛있게 드실 수 있습니다.

+ Ingredients

양파 살사소스
토마토中 2개
양파中 1개
할라페뇨 10조각

레몬즙 1T
소금 1/3t
후추 적당히

+ Cook's tip

- 토마토에 십자(十) 모양으로 칼집을 낸 후 데치면 쉽게 껍질을 벗길 수 있습니다.
- 완성된 살사소스는 냉장 보관하고 3~4일 이내에 드시면 됩니다.

1. 재료를 준비합니다.

2. 토마토는 꼭지를 제거하고, 십자(十) 모양으로 칼집을 낸 후에 끓는 물에 2분간 살짝
   데칩니다. 데친 토마토는 껍질을 벗기고 씨를 제거한 후 잘게 다집니다.

3. 양파는 잘게 다진 뒤 찬물에 10분 정도 담가 아린 맛을 제거하고, 할라페뇨도 잘게 다져둡
   니다.

4. 볼에 준비한 토마토와 양파,
   할라페뇨를 넣고 나머지 재료
   를 모두 넣은 다음 골고루 섞
   으면 완성입니다.

ONION

초 판 발 행 일	2020년 02월 25일
발 행 인	박영일
책 임 편 집	이해욱
저 자	이현정
편 집 진 행	강현아
표 지 디 자 인	이미애
편 집 디 자 인	신해니
발 행 처	시대인
공 급 처	(주)시대고시기획
출 판 등 록	제 10-1521호
주 소	서울시 마포구 큰우물로 75 [도화동 538 성지 B/D] 9F
전 화	1600-3600
팩 스	02-701-8823
홈 페 이 지	www.sidaegosi.com
I S B N	979-11-254-6669-7
정 가	15,000원